新型职业农民培训系列教材

——果树系列

枣标准化栽培技术问答

房师梅 主编

中国农业大学出版社

·北京·

内 容 简 介

本书是新型职业农民培育系列教材之一。内容主要包括枣的品种特性与结果习性，适宜栽培枣的区域，优质枣苗木的培育，枣的建园，枣的整形修剪，枣的土、肥、水管理，枣的花果管理，枣的贮藏保鲜与加工技术，枣园病虫害防治等。

图书在版编目(CIP)数据

枣标准化栽培技术问答/房师梅主编，—北京：中国农业大学出版社，2015.6

ISBN 978-7-5655-1254-4

Ⅰ.①枣…　Ⅱ.①房…　Ⅲ.①枣-果树园艺-问题解答
Ⅳ.①S665.1-44

中国版本图书馆 CIP 数据核字(2015)第 095060 号

书　　名　枣标准化栽培技术问答
作　　者　房师梅　主编

策划编辑　张　蕊　　**责任编辑**　张　玉
封面设计　郑　川　　**责任校对**　王晓凤
出版发行　中国农业大学出版社
社　　址　北京市海淀区圆明园西路 2 号　　**邮政编码**　100193
电　　话　发行部 010 62818525,8625　　读者服务部 010 62732336
　　　　　编辑部 010 62732617,2618　　出 版 部 010 62733440
网　　址　http://www.cau.edu.cn/caup　　e-mail cbsszs @ cau.edu.cn
经　　销　新华书店
印　　刷　北京俊林印刷有限公司
版　　次　2015 年12月第 1 版　　2015 年12月第 1 次印刷
规　　格　850×1 168　32 开本　5.5 印张　136 千字
定　　价　18.00 元

图书如有质量问题本社发行部负责调换

编审人员

主　编　房师梅

副主编　肖秀丽

参　编　赵晓燕　郝会军　赵从凯　吴红正

主　审　曹春英　王青立　陈肖安

编写说明

农民是农业生产经营主体，开展农民教育培训，提高农民综合素质、生产技能和经营能力，是发展现代农业和建设社会主义新农村的重要举措。党中央、国务院高度重视农民教育培训工作，提出了“大力培育新型职业农民”的历史任务。为贯彻落实中央的战略部署，提高农民教育培训质量，同时也为各地培育新型职业农民提供基础保障——高质量教材，遵循农民教育培训的基本特点和规律，编写了《枣标准化栽培技术问答》培育教材。

《枣标准化生产技术问答》是新型职业农民培育系列教材之一。该教材以问答方式重点介绍枣标准化生产技术，包括枣的品种特性与结果习性，适宜栽培枣的区域，优质枣苗木的培育，枣的建园，枣的整形修剪，枣的土、肥、水管理，枣的花果管理，枣的贮藏保鲜与加工技术，枣园病虫害防治等内容，并重点就枣标准化生产技术中遇到的问题提出了相应的应对措施和解决办法，涵盖了枣标准化生产技术的各个环节和关键技术，通俗易懂，具有很强的针对性和实用性，是新型职业农民培育的专用教材，也可作为果树生产技术人员和管理人员培训的教材和参考用书。

本书由潍坊职业学院房师梅副教授、曹春英教授、肖秀丽副教授、赵晓燕讲师、郝会军副教授、赵从凯讲师与潍坊市高新区统计局吴红正高级工程师共同编写，房师梅担任主编，肖秀丽任副主编。潍坊职业学院曹春英教授、农业部科教司王青立处长与原农业部农民科技教育培训中心陈肖安等同志对教材内容进行了审定，在此一并表示感谢。

由于编者水平有限，加之时间仓促，教材中不妥和错误之处在所难免。衷心希望广大读者提出宝贵意见，以期进一步修订和完善。

编　者

2014 年 11 月

目　录

一、枣的品种特性与结果习性

1. 枣的主要品种有哪些？

（1）鲜食类

大王枣，也称南阳大王枣，是从桐柏大枣中选育出的一个优系品种，果实近圆形，纵径4.5～6 cm，横径4.5 cm。平均单果重46 g，最大单果重86 g。果皮中厚，赭红、光洁美观，果个均匀，核小，肉质厚嫩，汁多甘甜，鲜食品质极佳。鲜枣含糖量32.3%，干枣含糖量 82.7%，可食率 97.2%，为特大型鲜食优良品种。果实9月中旬成熟，果实从开花结果到成熟生育期110 d。适应性较强，极丰产。适宜鲜食和加工。

大雪枣，又名苹果枣。果实近扁圆形，外观似苹果，果肩如柑橘；色泽艳红，有光泽，平均单果重38.5 g，最大单果重80 g。果肉白色，肉厚，核短小，甜脆，可溶性固形物含量35%，可食率97.1%，宜鲜食贮藏，品质上等，10月下旬成熟，果实生育期130 d。为大型晚熟鲜食优良品种。

冬枣，别名冻枣、沾化冬枣等，是目前鲜食品质最好的冬枣品种之一。果实近圆形，果面平整光洁，似小苹果，纵径 2.7～2.9 cm，横径2.6～2.9 cm。平均单果重14 g，最大单果重45 g，大小较整齐。果肉绿白色至黄白色，细嫩多汁，无渣，甜味浓。可溶性固形物含量35%，可食率 96.9%，品质极上。果核短，纺锤形，浅褐色，纵径1.6 cm，横径0.8 cm，10月上旬开始成熟，果实生育期 120 d。为优良的鲜食晚熟品种，适合城郊、工矿区发展。

图 1-1　冬枣结果状

梨枣，果实卵状梨形或椭圆形。平均单果重 26.5 g，最大单果重 62 g。大小较整齐，果面较粗糙，光泽较差。果皮较薄，深赭红色，质疏松，汁液中多，味甜，可溶性固形物含量 27.9%，可食率 97.3%，果实生育期 110 d。产量高而稳，丰产性强；适宜鲜食、加工。鲜枣含糖 22.5%。

早脆王，该品种果个大，果实纵径 4.29 cm，横径 3.86 cm。平均单果重 30.9 g，最大单果重 93 g，果形为卵圆形或圆柱形，色泽鲜红色，枣果大小较整齐，果面光滑，果点小、稀疏不明显。果顶平或呈小突起，果肩平，梗洼深度和广度中等，环洼大而浅。果皮稍厚，果肉酥脆、多汁、味酸甜，品质佳。鲜枣可食率 95.9%，可溶性固形物含量 33.5%。

图 1-2　梨枣结果状

（2）观赏类

龙拐枣，别名“龙骨枣”，果实扁小柱形，单果重 5～8 g。大小比较整齐，果面不平，品质中等。树体小，树姿开张，树冠自然圆头形。枝干多棱或扁圆形，如骨似竹，有棱有节，基部或梢部扭曲如环，形如龙头拐杖，是做拐杖和其他艺术雕刻最理想的原材料。

黑珍珠，又名胎里红、三变枣。果实长椭圆形或长卵形，平均单果重 8.5 g，最大单果重 18.2 g。果皮中厚，花为紫褐色，幼果黑褐色，透明发亮，膨大期粉红或绯红色。成熟期黄红、棕红或粉红色。果肉绿白色，肉质松脆香甜，风味独特。可食率 95.6%，9 月上旬开始成熟，坐果稳定，易丰产。抗病虫能力特强，是育种研究的理想试材。树形为自然圆头形成圆锥形，树姿开张。花期、幼果期至成熟，极具观赏价值，是制作盆景的良好品种。

茶壶枣，果实形状奇特，果实中上部，即果肩到胴部 2/3 处，常长出 1～2 对短柱状或板状的肉质突出物，高出果面 5～7 mm，

图 1-3 茶壶枣

厚 4～7 mm，形似壶嘴、壶把，因此得名。

果大小不很整齐，一般单果重 5～8 g，最大单果重 10.2 g。果肩圆，梗洼浅小。果皮薄，紫红色，富光泽，鲜艳。果肉绿白色，质地粗松略绵，汁液中多，鲜食品质中等。果实有极高的观赏价值，适宜庭院栽种和盆栽。

（3）制干、加工类

金丝新 4 号为自然杂交金丝枣新品系良种单株。果实近长筒形，中部略粗，单果重 10～12 g，果面光滑艳丽。果肉白色，质地致密脆嫩，口感极佳。可溶性固形物含量 40%，制干率 55%左右，成熟后浅棕红色，肉厚富弹性。果实生育期 110 d，抗风、抗病、稳产。金丝枣系列品种为多年来制干品种出口的拳头产品。

屯屯枣，果实扁圆形，平均单果重 22.3 g，最大单果重 34 g。大小均匀，果肉厚，绿白色，质地致密，含可溶性固形物 32.4%，干枣含糖 70.2%，可食率 96.7%，制干率 58%，9 月中旬采收。果实生育期 110 d。适应性强，耐旱涝瘠薄。为制干专用品种。

骏枣，果实圆柱或长倒卵形。平均果重 22.9 g，最大果重 36.1 g。果面光滑，果皮薄，深红色。果肉厚，绿白色，质地松脆，可溶性固形物含量 33%，可食率 96.3%。适宜制干，加工醉枣和蜜枣。9 月中旬进入脆熟期，果实生育期 100 d。

2. 枣的生长结果习性怎样?

枣树生长迅速，但根系较稀疏，水平根分布远，其上易发生根蘖，可供繁殖。

枝条可分枣头、枣股和枣吊三种。叶腋间的芽由主、副芽组成复芽。主芽在形成当年不萌发，次年可形成枣头或枣股，但也可成为隐芽。枣的隐芽寿命很长。副芽当年萌发，枣头上的副芽生长为二次枝或三次枝，枣股上的副芽则生成脱落性枝。

枣头是枣树的发育枝，由主芽萌发形成，生长力强，是构成树冠的骨干枝。其中上部的副芽萌发后形成永久性二次枝，呈曲折生长，无顶芽。次春，枣头二次枝上的主芽萌发，形成枣股。故这类永久性二次枝也称结果母枝。

枣股是枣树上特有的一种短缩型结果母枝。主要由枣头和二次枝上的主芽所形成，每年生长量极小，数芽密生。枣股一旦形成，每年即在其上由侧生副芽抽生枣吊开花结果（主芽通常长期休眠），寿命可长达 8～10 年以上。一般以 4～7 年生的枣股结实力最强，且以结果母枝中部冬节上的枣股抽生枣吊较多，长势也强。

枣吊是枣树的结果枝，着果后随枣果增大而下垂，于晚秋脱落，故又称脱落性枝。在每一枣吊的叶腋间几乎均可着生单花或聚伞花序，以中部花序结果可靠。每一枣吊上一般结 3～4 果，但也有全部脱落者。

大多数枣品种自花授粉能够结实，但也存在自花结实力低的品种，如义乌大枣、赞皇大枣等，生产上配植授粉品种可以提高着果率。枣树的花芽分化，具有单花分化期短，全树持续期长和一年多次分化的特点，因而花期很长而落花落果严重。自然着果率仅1%左右。除与树体营养密切有关外，花期不良气候（低温、干旱、多风、梅雨等）也常是重要因素。枣树结果早，栽培当年即能开始开花结果。但在生长初期枣头多单轴延长生长，很少分枝，结果较少。枣进入盛果期较晚，需在栽植后15年左右，盛果期则较长，70～80年生枣树仍可丰产。

二、适宜栽培枣的区域

3. 枣对环境条件的要求有哪些？

枣树适应性强、耐瘠薄，不论沙土、壤土、黏土、山丘、平地和 pH 为 5.5～8.2 的条件下，都能正常生长结果。但肥厚的土壤，能使枣树生长健壮，果大、质优，树体寿命增长。

枣树是特喜光树种，充足的光照能使结果数增加，促使树体生长健壮。光照不足时，发枝少而细弱，结果明显减少，且枝干易枯死。枣树为喜温性强的树种，也耐寒。在 43.3℃高温条件下能够正常生长；低于-32.9℃低温环境也能安全越冬。

萌芽温度 13～15℃；枝条迅速生长和花芽分化要求有 17℃以上的温度。20～22℃时开花。果实发育期要求的适宜温度为 25～27℃；果实成熟的适温为 18～22℃。根的生长，以土温为 22～25℃为好，20℃以下则停止生长。气温下降到 15℃以下开始落叶。所以枣树萌芽晚，落叶早，多不受早、晚霜危害。

枣树抗旱又耐湿，在年降雨量 400～1 000 mm 的地区均能生长结果；果实膨大期需水较多，果成熟期要求水分较少。

休眠期的枣树抗风力强，但开花期遇大风影响正常授粉。坐果后大风易吹损枣吊，增加落果。

（1）温度

温度是影响枣生长发育的主要因素之一，直接影响着枣的分布。枣为喜温树种，其生长发育需要较高的温度，表现为萌芽晚，落叶早。当春季气温上升到13～15℃时，枣芽开始萌发，17～18℃时抽枝，展叶和花芽分化，19℃时现蕾，日平均气温达到20℃左右进入始花期，22～25℃进入盛花期。花粉发芽的适宜温度为24～26℃，低于 20℃或高于 38℃，发芽率显著降低。果实生长发育的适宜温度是24～27℃，温度偏低果实生长缓慢，瘦小，干物质少，品质差。因此，花期与果实生长期的气温是枣栽种区域的重要限制因素。果实成熟期的适宜温度为18～22℃。当秋季气温降至15℃时，树叶变黄开始脱落，至初霜期落尽，进入休眠期。枣对低温、高温的耐受力很强，在-30℃时能安全越冬，在绝对最高气温45℃时，也能开花结果。

枣对温度的适应能力强，凡是季最低温度不低于-31℃，花期日均气温稳定在22℃以上，均能正常生长。

枣的根系活动比地上部早，在土壤温度7～9℃时开始活动，10～20℃时缓慢生长，22～25℃进入旺长期，土温降至21℃以下生长缓慢直至停长。

（2）湿度

枣对湿度的适应范围较广，在年降水量100～120 mm的区域均有分布，以降水量400～700 mm较为适宜。

枣抗旱耐涝，最低年降水量不足100 mm，最高1 160 mm，均正常生长结果。枣园积水1个多月也不会因涝致死。

土壤湿度可直接影响树体内水分平衡及器官的生长发育。当30 cm 土层的含水量 5%时，枣苗出现暂时的萎蔫，3%时永久萎蔫，水分过多，土壤透气不良，会造成烂根甚至死亡。

（3）光照

枣树的生长和发育都是靠光合作用来实现的，光合作用是含叶绿素的绿色组织（以叶片为主），在光的作用下，利用二氧化碳和水制造碳水化合物，并释放氧气的过程。光能是枣枝条、叶片、果实、根系生长的能源。

枣的喜光性很强，光照度和日照长短直接影响其光合作用，从而影响生长和结果。

光照对枣生长结果的影响在生产中较常见。密闭枣园的枣树，树势弱，枣头、二次枝枣吊生长不良，无效枝多，内膛枯死枝多，产量低，品质差；边行、边株结果多，品质好。就一株树而言，树冠外围，顶部结果多，品质好，内膛及下部结果少，品质差。因此，在生产中，除进行合理密植外，还应通过合理的冬、夏修剪，塑造良好的树体结构，改善各部分的光照条件，达到丰产优质。

（4）土壤

土壤是枣树生长发育中所需水分、矿质元素的供应地，土壤的质地、土层厚度、透气性、pH、水、有机质等对枣的生长发育有直接影响。枣对土壤要求不严，抗盐碱，耐瘠薄。在土壤pH 5.5～8.2 范围内，均能正常生长，土壤含盐量 0.4%时也能忍耐，但尤以生长在土质肥沃的沙质壤土中的枣树树冠高大，根系深广，生长健壮，丰产性强，产量高而稳定。因此，建园尽量选在土层深厚的壤土上，对生长在土质较差条件下的枣，要加强管理，改土培肥，改善土壤供肥、供水能力和透气性，满足枣对肥水的需求，达到优质稳产的目的。

三、优质枣苗木的培育

4．枣育苗常用的方法主要有哪些？

目前常用的枣树苗木繁育的方法很多，主要有根蘖苗分株法、嫁接法、扦插繁殖法以及组织培养法等。

5．如何利用根蘖苗培育枣苗？

根蘖分株繁殖法是当前生产上主要的繁殖方法。其优点是方法简单，实施容易，但因母株根系数量的限制，育苗数量有限，每株母株每年只能培育几株或十几株苗，不适于大量育苗，因母株品系繁杂，也不利于良种的精选和纯化。

（1）根蘖苗选取

用来繁育根蘖苗的枣母株应品种优良，并且是自根苗。在春季发芽前，在母株外围（距树干 4 m 左右）或在行间挖宽 30～40 cm、深 40～50 cm 的沟，切断粗度在 2 cm 以下的根，剪平伤面，然后填入湿润肥沃的土壤，促其发生根蘖。根蘖发生后多为丛生，当苗高达 20～30 cm时进行间苗，留壮去弱，并施肥浇水促其生长，翌年根蘖苗高达 1 m 左右时（此时已生出一些不定根），即可连带一段母根出圃。另外，利用枣园行间散生的自然根蘖苗，经选择后将其归圃集中培育，用于嫁接育苗效果不错。

（2）根蘖苗培育

选背风向阳处、土层深厚、良好的地块做归圃育苗地。在秋末初进行深翻并施入有机肥，翌春土壤解冻后耙平，做好归圃集中培育的准备。从优良母株上将根蘖苗取出并分离成单株。为减少地上部水分的蒸发可采取截干处理，剪掉2次枝，地上部留10～15 cm，并按粗细分类捆成捆，每捆 50～100 株。栽前对苗根要进行修剪，侧根留15～20 cm长，须根留8～10 cm长，对苗体粗壮无须根的苗，可在根部刻伤，刺激发根。为提高根蘖苗的生根率，可用ABT生根粉进行处理。即用非金属容器先将1 g三号生根粉溶解在 90%～95%的工业酒精中，再加 1 kg 凉开水，即配成浓度为1 000 mg/L 的生根粉原液，此液不易保存，要现用现配。使用时将原液加入清水20倍稀释（加水20 kg，即为50 mg/L 的浸渍液），然后将成捆的苗木根浸入药液内，深度5～7 cm，浸3～4.5 h，捞出即可栽植（每克生根粉可浸苗木 1 000～5 000 株）。栽植时期为5月上旬。栽前3 d 要浇透水，3 d 后用犁开沟，定点栽植，每亩（1 亩=667 m^2）6 600 株。栽后浇 1 次透水，天旱时每半天浇水 1 次。8 月上下旬各追尿素 1 次，每次每亩 2.5 kg 左右。苗发芽后选一直立健壮枝条作主干，其他侧芽可以抹去，一般培育2年即可出圃。

6．枣嫁接所用砧木及其特点怎样?

主要有酸枣、根蘖苗、大枣苗、金丝小枣产区的金丝小枣。我国北方，季气温和地温较低，在枣树分布区，季极端最低气温为-32℃。所以枣树抗寒力不容忽视。多由种子繁殖，根系发达，耐瘠薄、抗旱、抗寒，是枣较理想的砧木。另外，枣区的根蘖小枣苗或大枣苗也可做枣砧木。经过多年的实践证明，选用酸枣苗和根蘖苗作为砧木进行嫁接育苗，各有优缺点。枣树根蘖苗，在枣区苗子来源充足，可以就地起苗，就地进行归圃育苗。管理比较好的归圃苗，可以实现当年育苗，当年嫁接，当年成苗，不足之处是归圃育苗投入较种子育苗高，并且产苗量低，一般每亩产苗在 3 000 株左右。而酸枣种子育苗，投入低，苗木生长整齐，产苗量高，一般每亩可生产苗木 6 000～8 000 株，但是如果管理不善，苗木生长不良，势必推迟嫁接时间，延长育苗周期，特别是在比较黏的土壤上培育的一年生酸枣苗，根系稍差。

7．酸枣砧木怎样培育？

（1）种子选择

优良的酸枣种子（种仁），种子饱满，种皮棕色有光泽，剖开，子叶淡黄色，胚轴胚根白色。除用肉眼观察外，最好再用红墨水染色法鉴定一下种子的生活力。其方法是，先把种仁浸于水中 24 h，待其吸胀后，剥去种皮，放在 5%的红墨水中染色 2 h，然后再用清水冲洗干净，凡种子全都着色或种胚着色，则表明种子已失去发芽力；若仅子叶着色，则表明种子部分失去发芽力；有生命力的种子完全不着色。大量调种苗育时，还应进行种子发芽试验，首先随机抽取部分种子，在清水中浸泡 24 h，然后放在器皿中，注意保湿，在温度 22～25℃的条件下，根据种子实际发芽天数和数量，计算发芽势和发芽率，判断酸枣种子的生活力。总之，凡秕粒、发霉、发黑或隔年存放，失去生活力的种子，不能使用。

（2）播种前处理

为保证育苗成功和培育优质壮苗，在播种前要对种子进行筛选、浸种、催芽和消毒处理。

首先对选购的种子进行水选。将适量种子放入清水中浸泡，然后将上浮的杂质和秕粒种子捞出。

经过筛选后的种子，继续用清水浸泡，浸泡时间的长短，以种仁吸胀为准，一般用凉水浸泡24 h即可。浸泡过久，会造成内容物外渗，对种子不利。为了消灭附着于种子表面的病菌或防止种子在发芽期间被病菌感染，对用清水浸泡过的种子，再用0.3%～0.5%的高锰酸钾溶液浸种1 h，然后进行催芽或直接播种。

为使枣种子发芽快，发芽整齐，用清水浸泡并经过消毒后进行催芽处理。一般采用增温催芽的方法，就是把环境温度提高到种子发芽最适宜的温度，使种子快速发芽。春天将浸胀的种子放入种蔬菜的温室中即可，温度一般为20～30℃。催芽时可以混沙，不混沙时种子上面用湿麻袋片或是草帘覆盖，以保湿、保温，待20%左右种子“露白”后即可播种。

（3）播种

播种时间，因地区而异，华北中南部多在4月中旬，平均20 cm地温20℃时，播种最为适宜。播种过早，因地温低，出苗晚，易烂种子和遭鼠害；播种过晚，缩短生长时间，影响苗木质量。如果春播覆膜，播期可提前到3月下旬，便于苗期管理和后期嫁接。酸枣育苗多采用开沟条播的方法，在育苗中应注意把握好五个环节：一是土壤墒情一定要好，播种前，育苗地一定要灌大水，造足底墒，如果播种时发现土壤墒情不足，播种沟内要点水，确保种子在发芽和出土过程中对水分的要求；二是深度要适宜，沟深一般掌握在2～3 cm，播后覆土要严，注意不要过深，以防影响出苗。为便于嫁接和管理，采用宽窄行的播种形式，宽行50 cm，窄行30 cm；三是药剂拌种，对经过药剂处理或未经过药剂处理的种子，在播种时，用有机磷农药稀释100倍，拌入麦麸里，然后将拌入农药的麦麸同种子混匀，一同撒在条播沟里，也可分别进行，可以有效地防治蝼蛄、蛴螬等害虫；四是播种量要适宜，按每亩留苗8 000株左右计算，当种子发芽率达到80%以上时，下种量一般掌握在2.5～3 kg；五是覆盖，由于酸枣播种深度浅，覆土薄，表土易失水风干，在出苗前易造成种子芽干。因此，种子播后应立即用地膜覆盖，不用地膜覆盖，可顺条播沟培起20 cm宽、15 cm高的小土垄，用来保墒：播种后要经常检查出苗情况，对地膜覆盖的要做到随出苗随将地膜划破，尽量推迟撤膜时间，以利于增温保墒，促进苗木的前期生长；对于培小土垄的，待发现有20%～30%的苗露出原土表时，在无风晴天，将小土垄全部耥平，俗称“放风”，放风后2～3 d苗木即可出齐。

播种后10～15 d苗木出土，当苗高5 cm时进行间苗，株距15～20 cm，苗高10～15 cm时浇第一次水，结合浇水每亩追施尿素15 kg，在苗高25～30 cm时进行摘心或喷施500 mg/kg的多效唑，可抑制新梢生长，增加苗木粗度。

在苗木的生长季节，应注意防治红蜘蛛和一些食叶害虫，一般喷40%水胺硫磷1 000倍液或2.5%灭扫利乳剂2 500倍液1～2次即可有效防治。一般当年生苗高可达40～50 cm，苗木基径0.5 cm左右，翌年春可嫁接。

8. 如何采集与保存枣接穗?

（1）接穗的采集

结合枣树剪，把一年生嫁接苗在距地面50～70 cm处剪下，并将留作整形带内的二次枝全部剪下，也可采用多年生枣树上当年萌发的新枝（即枣头）剪下收集，以作剪截接穗之用。接穗的剪截方法是：把收集到的粗度在 0.5～0.8 cm 的一年生枝或二次枝在芽上 0.3～0.5 cm 处剪下，枣头一节（即一芽）一截，二次枝两芽（即两个枣股）一截，并在芽下2～3 cm处剪断，剪口要平滑整齐。将剪好的接穗按粗细分级存放，准备蜡封。一般应当一采集当天蜡封，以免失水。另外，计划育苗嫁接用的接穗，粗度在0.3 cm左右的枝条也可用。

（2）蜡封接穗

原料的准备：按每万枝接穗购买白色矿蜡0.25 kg，大油0.1～0.25 kg，并准备少量松香或松节油。

封蜡的配制和蘸蜡：将矿蜡和炼好的猪油按 1∶(0.5～0.1)的比例放入容器（铝、铁锅或花缸均可）内，并加入松香或松节油少许。将容器放在火炉上加热至蜡油全部熔化即可蘸蜡。方法是一手拿一根接穗直接在熔蜡内蘸一下，然后倒过来再蘸一下，每次蘸蜡到出蜡时间不得超过1 s，蘸好的接穗用指甲将剪口处的蜡膜剥下检查，若木质部有蜡质渗入，即为熔蜡温度合适，可继续蘸蜡。应注意的是速度一定要快，因熔化的蜡液温度高达100℃，慢了可烧坏芽眼，成为无用接穗。

（3）接穗的保存

将蜡封好的接穗每100根装在一小塑料袋，每50或100袋装入一个编织袋内，放在冷凉处保存，以备嫁接。

9. 采集与保存枣接穗的注意事项有哪些?

① 接穗上的刺必须剪掉，以免蜡封好后刺脱落，造成蜡膜缺口而失水。

② 矿蜡一定要充分溶化，这样蜡膜薄而匀，以免蜡膜过厚而脱落失水。

③ 采集的接穗应及时蜡封，以免因时间长而失水，降低接穗质量。

10. 枣嫁接方式主要有哪些？

枝接、芽接（图 3-1、图 3-2）。

图 3-1 枝接

（周正群. 枣生产关键技术百问百答. 2005）

图 3-2 芽接

（李道德. 果树栽培学. 2001）

11. 枣的枝接技术有哪些？

劈接、插皮接、腹接。

12. 怎样劈接？有什么特点？

劈接是枝接的一种，主要特点是嫁接时期早，苗木生长时间相对较长，特别是嫁接后一般不需要绑扶，省工方便。

采用劈接法嫁接枣，从枣树发芽前半个月即可进行，此时树液已开始向上流动，砧木尚未离皮。在嫁接时，首先要在距地表 4～6 cm 处剪砧，清理砧木周围的杂草。在河北沧州枣区，苗木嫁接部位常选在砧木根颈以下的光滑部位，在嫁接前先将砧木从地表向下挖 8～10 cm，露出根颈下光滑部分。嫁接时，再将砧木剪至所要嫁接的部位。用嫁接刀沿砧木断面圆心垂直切下，也可直接用剪刀剪开，切口长 2.5～3 cm。然后将接穗迅速削成双马耳形，削面长 2～3 cm，并使一边薄一边厚，接穗基部断面呈近三角形，芽位于楔形削面窄边的上部。接穗削好后，迅速插入砧木裂缝内，使接穗削面较厚一侧在外与砧木形成层对齐，接穗削面露出 2～3 mm 在劈口外面，俗称“露白”。接好以后，用塑料条迅速将接口绑扎好。对于嫁接砧木比较粗者，在砧木剪口处另附一块塑料膜捆扎结实，以防透风或土粒落入缝内，影响愈合，此方法也可用于大树多头改接，即高接换头（图 3-3）。

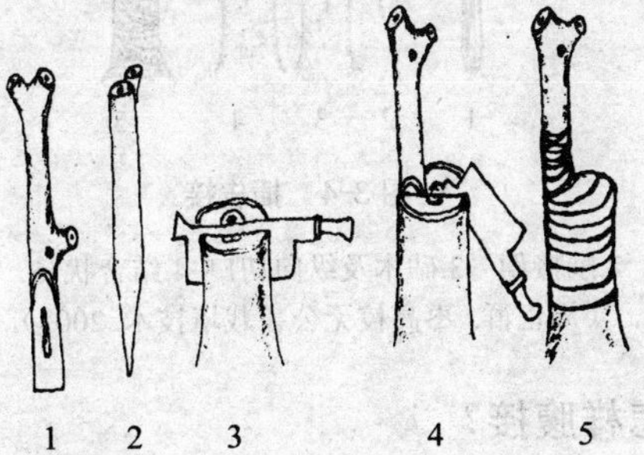

图 3-3　劈接

1. 接穗削面（正面）2. 接穗削面（侧面）
3. 砧木劈口　4. 结合状　5. 绑扎

（周正群. 枣高效无公害栽培技术. 2003）

13. 怎样插皮接？

插皮接（图 3-4）是枝接的一种，此方法是在树液旺盛流动的萌芽期或萌芽以后，砧木皮层易于剥离时进行。插皮接一般适合砧木粗而接穗细的情况，操作简便，成活率高。

嫁接时，先横剪断砧木，选皮部光滑处，用芽接刀或修枝剪纵向自下向上划口，深达木质部，剥开皮层，呈三角形裂口；然后在接穗下端向上 2～3 cm 处，向下斜削接穗，削面长 2～3 cm，呈马耳形，削口基部断面近“一”字形，以利接穗下插；插入接穗削面的上端稍“露白”，绑扎方法同劈接。最近几年，此方法在枣树改接枣即高接换头中应用较多。

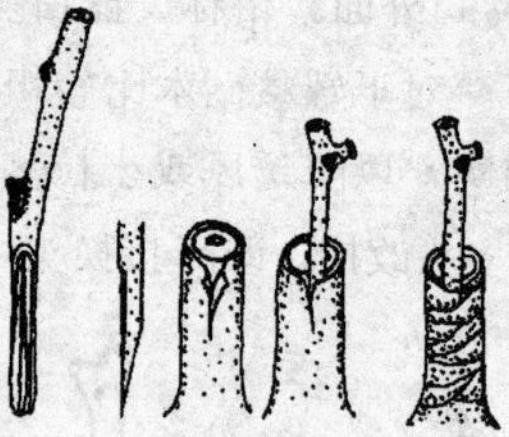

图 3-4 插皮接

1、2.削接穗 3.砧木及纵向切口 4.结合状 5．绑扎
（周正群. 枣高校无公害栽培技术. 2003）

14．怎样腹接？

腹接（图 3-5）是枝接的一种，多使用于比较粗的砧木，在酸枣育苗嫁接中常用此方法。

图 3-5 腹接

1、2.削接穗 3．接口 4．结合状 5．绑扎
（周正群. 枣高校无公害栽培技术. 2003）

嫁接时，先剪断砧木，砧木断面一般剪成斜面，在斜面高的一侧向下斜剪，剪口深达木质部，横深不能超过砧木接口处的1/3，以免影响主干发育或导致风折。接穗的削法基本同劈接，不同之处就是腹接接穗削面，一面稍长，一面稍短；嫁接时，长削面向里，短削面朝外；其他与劈接方法相同。

15．怎样进行绿枝嫁接？

绿枝嫁接也是枝接的一种，是在枣树的生长季节，利用半木质化枝条进行嫁接的方法。采用此方法，可有效利用当年夏枝，加快了繁育速度，延长了嫁接时间，同时，只要将当年生半木质化接穗进行蜡封，在常温下可存放 7～10 d，克服了夏季嫁接必须随采接穗随嫁接的弊端。具体方法是：从6月中旬开始，采当年生半木质化枣头，立即剪去叶片，保留叶柄，选枣头中间芽发育比较饱满的枝段剪取接穗，接穗上剪口距芽0.3 cm，剪好的接穗立即蜡封以防失水。蜡封时温度在90℃左右，蜡封后的接穗立即放入凉水中（新提井水），捞出后阴干备用，嫁接方法采用劈接或腹接，接后 7 d 开始萌芽，嫁接成活率达到 90%，当年苗木最高可达1 m，苗木平均高度达到70 cm。

16．枣的芽接技术有哪些？

“T”字形芽接、带木质嵌芽接、贴芽嫁接技术、嫩枝芽接技术。

17．怎样进行“T”字形芽接？

枣树芽接常用“T”字形芽接（图 3-6），在营养生长期内均可进行，但要注意，嫁接时期过早，充实而具旺盛生活力的芽子尚未形成；过晚时，树液流动减缓或停止，剥皮不易，愈合较差，成活率低。一般 6～7 月份是枣树芽接的适宜时期，这时嫁接成活率高，枝条长势旺。8 月下旬或 9 月上旬进行芽接，嫁接后接芽不萌发，待翌年春天剪砧后萌发。

芽接用当年生枣头为接穗，接芽多用枣头主轴上的主芽（二次枝上的芽也可），剪下的枣头应立即剪去其上的二次枝及主芽上的叶片（留叶柄），用湿布包好备用。

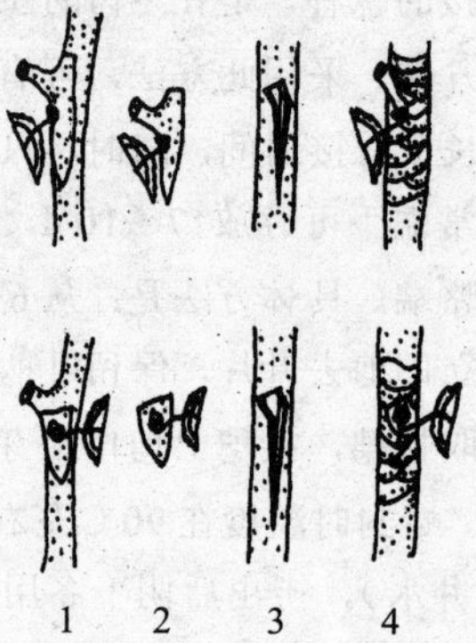

图 3-6 “T”字形芽接示意图

1．取芽片 2．芽片 3．砧木“T”字形切口 4．绑扎

（周正群. 枣高校无公害栽培技术. 2003）

取芽采取三角形取芽法，用锋利的芽接刀，在芽上方 3 mm 处横切一刀，深达木质部，其长度因砧木和接穗粗度而定，然后在芽的两侧各斜切一刀，令刀口在芽下 10 mm 处相交，切时深达木质部，在芽的下方，微带木质部，自下向上削至横切刀口。接下来在砧木上开“T”形接口，纵横各切一刀，深达木质部，横刀口应大于接芽宽，纵刀口小于接芽长，仔细甩芽接刀的刀尖，

沿纵向切口把砧木的皮剥起，取下接芽，迅速插入“T”形口内，使芽的上切口和“T”形口上部紧密结合，用塑料条绑严，叶柄露在外面即可。接后7 d左右进行检查，如果叶柄仍保持绿色，并且一碰即落，说明嫁接已经成活，反之，为不活。对没有成活的应当及时补接。苗圃芽接一般在距地表10 cm处嫁接，大树芽接，选光滑适宜部位。

18. 嫁接苗如何进行管理？

嫁接成活率的高低和成活以后苗木生长首先同嫁接技术密不可分，同嫁接以后的管理紧密相关。一是要及时清除萌蘖，从苗木嫁接到接穗发芽，一般需要10～15 d时间，由于养分的相对集中，在砧木基部会产生一些萌蘖，如果清除不及时，势必影响嫁接成活率，这期间，3～4 d 清除萌蘖1次，清除2～3次；二是剪枣吊，由于在嫁接时选用了二次枝作为接穗，一部分比较粗壮的接穗，成活后直接长出枣头，而另一部分萌芽后长出枣吊，为使产生枣吊的这部分二次枝快生枣头，必须将生成的枣吊，从基部留0.5 cm全部剪掉，一般5～7 d 后可生出枣头；三是适时绑扶，当嫁接苗木长至20 cm时，对用芽接和插皮接方法所生枣头，应及时进行绑扶，劈接和腹接的苗木一般不需要绑扶。利用芽接方法嫁接的苗木，成活后，及时将绑条割断，以免出现缢痕，影响生长。除芽接以外，用其他方法嫁接的苗木，如果选用厚度及松紧度适宜的塑料绑条，不影响苗木后期生长，免去了割断绑条这道工序；四是加强肥水管理，待嫁接的苗木成活后，应及时追肥浇水，每亩追施尿素 15 kg，结合施肥进行浇水，浇水后或雨后要及时进行中耕除草；五是防治虫害，春天嫁接的苗木，在萌芽期，正值食芽象甲、枣瘿蚊的为害盛期，在这时应喷 1～2

次水胺硫磷或灭扫利，即可有效防治；6～8 月份是枣树红蜘蛛的为害时期，如防治不及时，可造成落叶，影响苗木生长，应及早防治，一般需喷 1～2 次有机磷农药，即可有效防治红蜘蛛和其他食叶害虫。

19. 怎样断根育苗?

早春化冻后，选择品种好的枣树作母树（须自根苗），在其周围挖沟断根，距树干 2 m 左右，挖一道深、宽 30 cm 左右的环状沟，将生土、熟土分开，边挖边切断树根，遇有直径 6 cm 以上的根不要切断，切断后会伤害母树，又不易起苗。挖好沟后，首先向沟内混施部分土杂肥，而后浇水，待水渗完填入熟土、生土。5 月中旬以后，一个断根上可抽出数条分蘖，幼苗长到 35 cm 左右时，选留 1～2 根健壮苗，其余剪掉。另在沟外 35 cm 的地方再挖第二道沟，可促使幼苗生根。移栽前要定期浇水、施肥、除草、灭虫治病。两年后树苗可移植，移植时带一段 25 cm 左右的母树根，提高成活率。

20. 硬枝扦插育苗有什么优点？怎样操作？

扦插法培育苗木，具有繁育速度快，育苗量大，节省土地和繁殖材料等特点，便于实现集约化工厂化育苗。枣是属于比较难生根树种，尤其是硬枝扦插生根率比较低。最近几年，山东、河北等一些地方都在积极摸索枣嫩枝扦插的方法和技术，并且取得了一些成功经验和成果，特别是随着全光照喷雾育苗技术和 ABT 生根粉在枣树扦插上的应用，使枣嫩枝扦插成活率达到了 90%。这一技术的成功，为加快枣苗木的繁育，开辟了新的途径。

（1）插条选取

插条的生根能力一般随着植株年龄的增加而降低。在选择插条时，应采年龄幼小的母树或幼龄枝条，这样可大大提高扦插的成活率，同时，插条的生根能力同枝条所含的营养物质高低有关，碳水化合物含量高对生根有良好的促进作用。因此，插条一般在幼龄枣树上选取，对于成龄母树，必须采取返幼处理，促使萌发幼龄枝条。常用的方法有修剪、环剥、刻伤和断根。成龄母树越靠近下部或基部的枝条，枝龄相对较小。在初春进行修剪，可使老树返老还童。修剪强度越大，生长势越强，侧枝萌发率和隐芽萌发率越高。在修剪的同时，配合环剥和刻伤措施，才能获得较为理想的插条。环剥和刻伤的目的就是截断由上向下运送的养分和生长素，使被处理枝条的C/N提高，提高插条良好的营养和激素水平；加速不定根的形成。插条用半木质化枣头和二次枝均可，但是以枣头最为适宜。

（2）插条的剪截与处理

将剪取的嫩枝选中间部分，截成15～20 cm长，4～5节，上剪口距芽1 cm剪成平茬，下口削成单马耳形，去掉下部5 cm以内的侧枝和叶片；保留上部叶片，每20～30枝捆成一捆。

剪好的插条、先用800倍40%的多菌灵或0.5 %的高锰酸钾，浸泡插条基部10～15 min，捞出片刻后，再用生根剂进行处理。据试验，ABT生根粉对枣嫩枝扦插生根具有明显的促进作用，在带叶全光照喷雾条件下，插条用ABT1号生根粉2 000 mg/L溶液速蘸插条基部 5～10 s，扦后 10 d 左右开始生根，40 d 左右生根率达到84.5%。用吲哚丁酸1 000 mg/L溶液速蘸5～10 s，插条伤口愈合好，并且新根大部分由皮层产生。

21. 怎样进行嫩枝扦插育苗?

（1）塑料膜小拱棚嫩枝扦插

插床选地势平坦，光照充足，利于排水的地块。插床畦宽一般1.5～2 m，长度一般不超过10 m，畦与畦之间挖25 cm见方的排水沟，插床以沙壤土为宜，如土壤较黏可掺入适量的细沙，床面与地面平或稍低于地面。然后在插床上搭建遮阴棚，以混凝土桩或竹木桩作立柱，棚高2 m左右，棚的西南面和顶部用苇帘或遮阳网遮盖，防止阳光直接照射. 降低棚内温度，透光率一般掌握在20%～30%。

扦插前，先将畦内土壤深翻25 cm，用0.3%高锰酸钾水溶液进行消毒，扦插时间以6～7月份为宜。在阴天或晴天8时前采条，上午9时前或下午5时后，进行打孔扦插，深度3～4 cm，每平方米插200～300根。插完一畦后立即向插条上喷洒800倍液50%多菌灵，并在畦上覆盖塑料薄膜，拱棚高60 cm大棚的两端和一侧用土压实，另一侧用砖压实。棚内地温以25℃左右为宜，气温保持在28～32℃，相对湿度80%～90%，短时最高温度不应超过38℃，如果温度过高可向棚外或遮阴棚内喷水降温；为保持湿度，每日早晚各向棚内喷水1次；扣棚后每隔5～7 d喷800倍液50%多菌灵1次，防止叶片和插条感染病菌。

扦插1个月以后，大部分插条已经生根，此时即可进行炼苗，炼苗方法是：傍晚掀开拱棚一侧塑料的1/3通风，每天早晚各喷1次水，以后逐渐扩大通风面积，1周后即可全部去掉拱棚，这时应继续喷水，以保持土壤湿度，撤棚后逐步去掉苇帘或遮阳网，使小苗完全适应外部环境。

（2）全光照喷雾嫩枝扦插

采用全光照喷雾嫩枝扦插技术，是在露地全日照的条件下，采取间歇喷雾的。

方法为插条枝叶提供水分，调节沙床和空气的温度和湿度，使插条叶子能够正常进行光合作用，再加上通气，排水良好和清洁的插床，从而促进了嫩枝插条的迅速生根。特别是 ABT 生根粉与该项技术的结合，大大提高了枣扦插的生根率。

建插床，选背风向阳，地势较高，水电比较方便的地方建床，用砖垒成高 50 cm、直径 12 m 的圆形插床，面积为 113 m^2。垒墙时用泥黏合，以便多余的水自由排出，墙体每隔 2 m 留 1 个 10 cm 见方的排水孔。床底层铺 20 cm 厚的河卵石或大石子，中间层铺 10 cm 厚的粗河沙或粗炉灰，上层铺 15 cm 厚的干净细河沙或细炉灰作为扦插基质。为便于扦插和管理，在床面上，用砖每隔 1 m 平行摆放成畦形。扦插前 1～2 d，用 0.5 %的高锰酸钾溶液对插床进行消毒，每平方米用药液 4 kg，2 h 后用清水冲洗待用。

扦插时，所用的插条同小拱棚扦插用的插条及处理方法相同。扦插全天都可进行，应做到随插随喷水，扦插的密度以插条叶片不重叠为宜。

扦插完成后，立即启动喷雾装置，喷雾控制仪可根据叶面的干湿情况自动控制喷雾，光照强度越高，喷雾越频繁，间隔的时间越短。清晨和黄昏光弱喷雾少，晚上自动停止喷雾，这时应启动控制仪的定时喷雾开关，可每半小时喷雾 1 次，每次喷雾时间在 20s 左右，保证插条在夜间不失水。如果启动控制仪的定时喷雾时进行全天喷雾，可根据天气情况人为调整，只要定好时间可自动定时喷雾，一般每天 8～10 时 10 s 左右喷 1 次，10～16 时每 3～5 s 喷 1 次，16 时后逐渐减少喷水次数。在管理中，每周在傍晚停喷前喷 1 次 800 倍多菌灵，防止插穗腐烂，插后，每天喷 1 次 0.3%的尿素溶液。

枣嫩枝扦插育苗，在弥雾条件下，应尽量延迟插条的落叶时间，特别是生根以后，大部分叶子已经脱落，此时插条上的嫩芽会明显地生长。插条生根温度一般在 20～28℃，最佳生根温度 25℃左右，由于间断喷雾，降低了强日照产生的高温，一般下降 4～8℃，而使插床表层温度在比较适宜生根的范围内变化，湿度是嫩枝扦插生根的重要因子之一，间歇喷雾能保证插条的正常生理活动而不枯萎，这为插条生根赢得了时间，并且能保持插条周围的空气湿度和插床的含水量。插床具有良好的排水性，使插床基质内含有足够的氧气，以上这些都为插条的生根提供了非常有利的条件。插条叶片光合作用提供的营养物质和生长素，加上外部生根素的使用，能够促进插条基部的生理变化，10 d 后插穗基部表皮出现瘤状隆起，15 d 左右生出新根，20 d 后达到生根高峰，30 d 后应基本停止喷水，炼苗 5～10 d 即可移栽。

苗木移栽前，需要对地块进行平整做畦，一般畦宽 2 m，每畦开 3 条沟，株距 20 cm，将苗木栽植于沟内，扶正并用细土压实。为了提高移栽成活率，1 周内应向畦内苗木喷水，缩短苗木的缓苗时间。同时也可将生根苗移植到营养钵内，钵规格为 8 cm×8 cm，营养土按壤土：河沙：腐熟粪为 3：3：1 配制，并用 0.4%的高锰酸钾消毒，然后再放回原插床上，适当喷雾，待苗木成活后，即可进行移栽，移栽后灌足水，一般成活率可达 90%。

22. 合格枣苗的标准是什么？

优质枣苗应当是根系完整，枝、皮无伤，用根蘖苗做砧木嫁接的苗木，侧根直径 2 mm 以上，长 15 cm 以上的 4～6 条。用酸枣做砧木嫁接苗木，要有 6～8 条侧根，苗木高度均在 1.2 m 以上，根颈粗度 1 cm 以上。枝梢成熟好，顶芽发育充实，全株无重要的病虫寄生或附着，嫁接苗接口愈合良好。

23. 怎样起枣苗？

根据栽培季节的不同，分为秋季起苗和春季起苗。秋季起苗，在落叶后封冻前进行，一般在11月中旬至12月中旬，在此期间以早为好；春季起苗，多在土壤解冻后，枣树萌芽前进行，一般在3月上旬至4月上旬，在此期间以适当晚起为好。为保证苗木成活，在起苗时应注意以下几点：一是起苗应根据栽培地的远近及造林要求，对留干苗应截短二次枝。沿主干剪去二次枝后，在苗行两侧30 cm处，垂直切断苗根，入土深度约30 cm，再由苗行一端开始，向下深挖土层，深 30～40 cm，自下向上托起，这种起苗法不仅速度快，而且伤根少，如果苗圃地土壤过干，起苗5 d 前应浇一次水。二是起苗，不宜在大风或烈日下进行，因特殊情况，非起苗不行者，应随起苗随假植，尽量缩短苗木根系在日光下的曝晒时间，把挖下的苗木，用苗床上的湿土临时将根系埋住，以免脱水损伤根系。

24. 如何对枣苗木包装和运输？

苗木起苗后，进行适当的处理和包装，对保护树干和根系水分，提高造林成活率十分必要。应视苗木运输时间的长短，来确定所要采取的不同措施和方法。对于近距离调苗，一般指省内或邻省调苗，运期不超过5 d时，以汽车直运为宜，且适当多留树干，枣苗包装以20株为1捆，便于搬运、蘸泥浆和装卸。为减少苗木树干和根系失水，可于起苗后装运前，干喷施100倍羧甲基纤维素，对苗木根系用保湿保水剂掺入泥浆中蘸根，蘸根后，用蒲包、草袋或塑料袋包裹根系。装车，苗捆大量喷水，盖一层湿草袋，再用帆布盖严，防止风吹日对于远距离调苗，有时运苗期达到 5～10 d，科学运苗成为造林能否成功的关键一环。大批苗木远运，采用截干运苗，留主干 30～40 cm 进行截干，包装前草袋和草绳浸泡水中 1 d，枣苗 50 株 1 捆，苗干和苗根全部蘸泥浆，将蘸过泥浆的苗木装入湿草袋，草袋外套厚聚乙烯塑料袋。为防止薄膜损坏，便于苗木搬运和保持苗木水分，塑料袋薄膜外再套一层麻袋。装车后，对枣苗袋大量喷水，然后用帆布将苗木全部盖严。苗木运抵目的地后，立即解包，将枣苗浸入水中 8～12 h，使枣苗体内的失水快速得以补充，恢复正常。将吸足水分的枣苗就地假植，灌足水，做到随用随取，成活率一般不低于90%。

四、枣的建园

25. 怎样选择园地？

枣对土壤适应性强，平原、丘陵地均能生长，耐瘠薄，抗盐碱，土壤含盐量（滨海地区）在0.3%以下，pH 6～8 均可栽植，滨海盐碱地上的枣不仅长势好，而且生产出品质优良，闻名中外的名牌枣，引种到北京、保定山区的枣，长势和结果同样很好。但仍以土层深厚、有灌溉条件、排水良好、土壤酸碱度适中且较肥沃的土壤生长最好，树势健壮，寿命长，丰产性强，并能很好地表现出其优良品质特性。据观察，平原区表层为沙壤土，底层为黏土的“蒙金土”上生产的枣品质较好。

26. 园地如何规划？

大面积建园，应因地制宜地做好果园规划工作。

① 根据地形地势因地制宜划分小区，一般平地建园小区面积30～50亩；山地或丘陵地建园时，小区面积15～30亩。小区均以长方形为宜，长宽比2∶1或3∶2，并应尽可能使长边和主要风害的方向垂直，栽植行以南北向为宜。

② 道路规划一般设6～8 m的主干道，4～6 m的支道，作业道2～3 m。

③ 根据地形地势和供水、集水方向确定排灌系统，在风口处设立防护林。

小面积建园，因地制宜确定栽植行向，道路规划仅考虑生产作业道即可。

27. 枣定植前如何整地？

选好园址，做好规划后就要进行枣栽植。为给枣创立一个良好的，保证枣健壮生长的土壤环境，在栽植前必须进行整地。

（1）耕地整地

在历年耕种农作物的地块栽植枣，虽然土壤熟化，肥力较高，但耕作层一般为 20～30 cm，仍不能满足枣生长的要求。因此，在定植枣前要求进行穴状或带状整地，首先整平土地，对起伏不平的地块要局部平整，做到小平大不平，再在整平的基础上，根据栽植规划测量定植点，在定植点上进行穴状整地。一般每亩定植枣密度不足 70 株，可采用穴状整地。方法是在定植点上，挖长、宽、深各 0.8～1 m 的坑（如土质差还应增加长、宽、深），将耕作层的阳土与耕作层以下的阴土分开堆放，每株用不少于 50 kg 的优质腐熟农家肥和阳土拌匀回填坑内，填至距地面 10 cm 左右处，浇水踏实，已备种树。如每亩定植枣在 70 株以上的枣园，可采用带状整地。方法是在定植行挖宽、深各 0.8～1 m 的深沟，长依地而定，将阳土和阴土分开堆放，然后每亩用不少于 5 000 kg 的优质腐熟农家肥与阳土拌匀回填沟里，填至距地面 10 cm 左右，浇水踏实，准备种树。如土质不好，有条件的地方要进行换土，沙土掺黏土，黏土掺沙土，以改善土壤的理化性能，提高土壤的保水保肥能力。

（2）盐碱地块整地

盐碱地上生长的枣其质量不亚于好地，我国盐碱地多，可在不影响粮食生产的同时，在选定区域内发展枣生产。盐碱地的特点是土壤含盐、碱量高，地下水位高，缺少淡水。为此要按照盐碱地分布“高中洼”、“洼中高”和盐随水走，水走盐存的规律，通过充分利用雨季降水，蓄水淋盐，适当深栽躲盐，坑底覆草阻盐等技术，降低土壤的含、盐量，达到适宜枣生长的土壤要求。方法是：将含盐量较高的表层盐土刮去，运出果园，如无法运出果园也可刮至行中间作排水渠，尽量减少盐碱回流的机会。然后进行穴状和带状整地，在按标准挖好的定植坑底（沟底）垫一层麦秸、麦糠或其他碎秸秆、杂草，厚度5～10 cm，起阻盐碱作用，再回填优质腐熟农家肥和阳土混合土，填至离地面20 cm后（用肥量同上），在株与行的中间做成蓄水树盘，盘埂高20～30 cm，盘面倾向树坑，并拍实作防渗剂进行防渗处理，以利集水。

（3）丘陵整地

在有利于水土保持的前提下，可进行鱼鳞坑、反坡梯田、围山转（水平沟）等形式整地。鱼鳞坑是挖长、宽、深各1 m外高内低的栽植坑，“品”字形设置，外缘修筑挡水埝，截留降水，扩大活土层的整地方法；反坡梯田是沿山坡等高线处每隔3～5 m内挖外垫，修筑外高内低的梯田，在梯田上挖坑栽树植；围山转（水平沟）是在整个山的等高线上挖水平沟，在沟内挖坑植树，其他技术要求可参照耕地内建园的技术要求进行。

（4）旱地果园的整地

旱地果园既有丘陵地又有盐碱地，还有一般耕地，缺灌水条件的果园，整地技术可参照上述的几种类型。不同的是要加大集水面积，在回填土内每株树加100 g左右的土壤保水剂，以提高土壤的保水能力。

28. 枣栽植技术有哪些？

（1）枣苗的选择与处理

为实现枣的无公害高效栽培，枣苗一定要选择品种纯正、根系完整、无机械损伤的一级苗本。栽前根系要浸根吸足水分，并对根系进行修整，剪去干、腐等不良根系，再用ABT生根粉10～15 mg/kg的溶液浸根。

为提高成活率可将苗木的二次枝剪除，中心主枝延长头双截剪去部分。枣无毒苗的丰产性、抗病虫能力等方面优于普通苗木。

因此，有条件的果园尽量选用一级无毒枣苗作为建园用苗。

（2）栽植技术

在完成整地的定植坑上根据枣苗的根系大小再挖植树坑，坑的大小以保证根系舒展不窝根为宜，然后放入处理好的枣苗，苗木阳面栽植时仍朝阳面，苗木株间对齐，使行内、行间呈直线，然后填土，边填土、边提苗、边踩实，苗埋土略高于原苗木土痕（浇水后土面下沉与原土痕齐平为宜），栽后浇水，水渗后覆地膜，以保墒和提高地温，有利于根系生长。覆膜面积，在每株树苗周围不少于1 m^2。栽后苗木剪口要涂漆、树体喷石灰乳，防止苗木失水和日灼，有利成活（石灰乳配制方法：优质生石灰10 kg+食盐200 g+水胶100 g+水40 kg，搅成乳状即可）。

（3）栽植时间

从秋季落叶至翌年春季芽萌动之前的时间，在正常情况下，选嫁接后移栽。移栽时间在12月至来年4月中旬，秋季在落叶后地冻前进行，春季在解冻后发芽前栽植。

以春季芽萌动时栽植成活率高，原因是枣苗含水量低，春季芽萌动时栽植，苗子水分损失少，管护时间短，生根快，成活率提高。但是芽萌动时栽植时间短，大面积发展很难做到。春季枣树液开始活动时栽植，只要栽后做好覆地膜、涂白等保护工作，成活率仍可以保证。在无灌溉条件的地方，枣栽植应在秋季枣落叶后进行，越早越好。秋季土壤墒情好，地温要高于气温，苗子定植后，只要地温高于 7℃以上，根系就能活动，有利于根系愈合和生根。要达到高成活率并使成活的枣树生长健壮。定植时应做到大坑、重肥、壮苗。

① 大坑：定植穴要求达到 80 cm 见方，春季栽植的树坑也要在封冻之前挖好。坑挖好之后，施入有机肥，然后灌好封冻水。

② 重肥：挖好定植坑之后，及时施入肥料，一般要求每坑施圈肥、堆肥等有机肥 50 kg，过磷酸钙 1 kg。与表土掺匀后进行回填，填土高度以距地平面 20 cm 为宜。然后浇足水，使其沉实。同时经过冬季的冻融变化也使土壤变的疏松，以便定植。

③ 壮苗：除了选用优质的一级苗木之外，在栽植枣树时应尽量做到选用当地生产的苗木，因为枣树苗本身含水量很低，极易在起苗，装苗和运苗过程中损失掉，因而外地的一级壮苗在调往定植地的过程中，常因水分的散失，使苗木质量受到很大影响。一是成活率较低；二是成活之后长势较弱。因种种原因必须选用外地苗木时，在调回定植地之后，应将苗木整体或根部放入清水中浸泡 12 h，这样可使苗木充分吸足水分，可有效地提高成活率。

定植时，除认真做好上述各项工作之外，还应认真把握以下几点：

第一，认真处理好栽植苗木。苗木在定植前应当先进行整理，然后再栽植。首先应对根系进行整修，对过长的根系，受伤的根系进行修剪。然后将地上部所用的二次枝留 1 cm 左右进行剪截。

如果是冬枣等鲜食大枣，采用高密度栽植的可留80 cm进行定干，如果是用于枣粮间作的金丝小枣可留1～1.2 m定干。并在定植前用ABT生根粉3号500 mg/kg浸根5 min。第二，注意栽植深度。一般要求栽植的深度以原土印为好，最深不能超过原土印3 cm。第三，栽植时力求做到树体直立，并且要求行内一定要直。第四，浇足水。栽植后应及时进行浇水，有条件的果园最好是先做好树畦，然后，大水灌树行。应当一次浇足水，不可少量多次。否则将对成活不利。

29. 枣苗栽后如何进行管理?

栽后管理：俗话说："三分栽、七分管。"因此，枣树栽植后应注意加强管理。

（1）覆膜增温保墒，促使发根生长

枣树栽植的当年，由于管理不善常出现迟迟不发芽的"假死现象"，群众称之为"枣树当年不发芽不算死"。出现这一现象主要是由于北方干旱地区春季干旱多风，易造成所栽枣树大量失水而致。解决的方法就是，栽后及时灌足水，待水渗入土壤之后，及时松土，然后用塑料薄膜覆盖树盘。这样做即可有效地起到保墒作用，同时也可起到提高地温，促进早生根、快生长的目的。一般每株新植枣树用一块1 m见方的塑料膜进行覆盖。

（2）做树畦，营造保护行

定植后，应及时做好树畦，即沿枣树行向两侧起埝，畦内宽度为1 m、土埝宽30 cm、高20 cm，要求踏实。做好树畦，即便于对枣树的管理，如中耕、浇水、除草、病虫害的防治等田间作业。同时也起到对幼树的保护作用，可有效地避免农机在田间作业时对幼树的损害。此树畦，随着树冠的加大而逐年加宽。

（3）适时进行肥水管理

为促使新植枣树加速生长，当新梢长到10～15 cm时，结合浇水或利用雨后开沟追肥，一般每株施尿素 0.1 kg，以保证新植树生长发育对养分的需求。同时应注重对新植幼树病虫害的防治工作，特别是对枣瘿蚊、黄刺蛾、红蜘蛛等害虫的防治。结合防治害虫可加入 300～500 倍的尿素或磷酸二胺等肥料进行叶片喷施，以促进幼树的生长，一般要进行 3～4 次。

（4）合理间作

无论是采用枣粮间作形式还是纯枣园形式栽植的枣树园，栽植的第一年都可间作农作物。为确保幼树的生长，间作植物一定要选择矮秆的最好选择花生、大豆、绿豆等豆科植物，也可间作些瓜菜类植物，以提高经济效益。这样，由于对间作物的肥水的投入也会促进枣树的生长。在栽植后浇水或降雨后，都应及时进行中耕除草，确保幼树生长有一个良好的环境。

五、枣的整形修剪

30. 枣的枝芽特点？

（1）芽

枣的芽分为主芽和副芽，主芽又称正芽和芽，外被鳞片，一般着生在一次枝、枣股的顶端和二次枝的基部，主芽萌发可形成枣头，用于培养骨干枝，扩大树冠。枣股顶端的主芽每年萌发，但生长量很小。枣股的侧面也有主芽，发育极差，呈潜伏状，仅在枣股衰老后受刺激萌发形成分歧枣股。只有在受刺激时（幼树整形时将二次枝重短截），可萌发成枣头，形成骨干枝。副芽为裸芽，当年萌发，在不同的位置上有不同的发育形态：位于枣头一次枝上的副芽，形成永久性或脱落性二次枝；二次枝上的副芽形成脱落性枝（枣吊），有的当年即可开花坐果。

有的主芽可潜伏多年不萌发，称之为隐芽或休眠芽，受刺激后易萌发成健壮枣头，有利于树体的更新复壮。隐芽寿命很长，这也是枣树寿命长的一个原因。不定芽也可用于树体的更新复壮，老龄树主枝分杈处往往出现不定芽，常以枣股形态出现，其上着生枣吊，年年开花结果，寿命可达10余年。

（2）枝

枣幼树枝条生长旺盛，树姿直立，干性强；成龄树长势中庸，树姿开张，枝条萌芽力、成枝力较低。枣的枝分为三类，即枣头、枣股和枣吊。

① 枣头，即一般果树上所谓的发育枝，是形成树体骨架或结果单位枝的主要枝条。枣头由主芽萌发而来，是枣头一次枝和二次枝的总称，每个枣头抽生6～13个二次枝（二次枝由各节位的副芽当年萌发形成），以中下部永久性二次枝长而健壮，顶端的细短。二次枝停长后，不形成顶芽，翌年春尖端回枯（图5-1）。

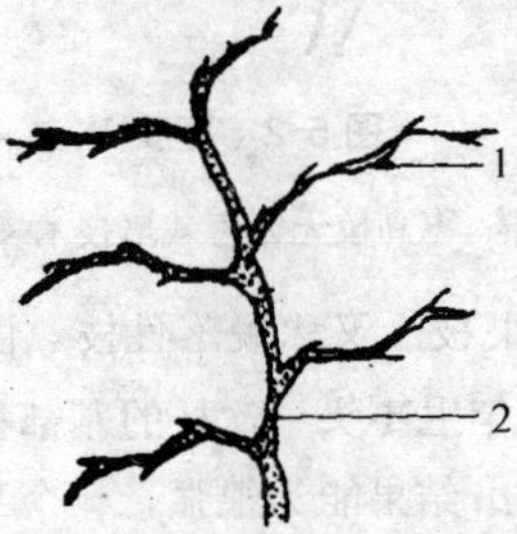

图5-1　枣头

1. 枣头主轴　2. 二次枝
（周正群. 枣高效无公害栽培技术. 2003）

② 枣股，即结果母枝，是缩短了的枣头，亦是枣头由旺盛生长转为旺盛结果的形态变异。枣股顶端有主芽，周围有鳞片。主要着生在二年生以上的二次枝上，枣头一次枝顶端和基部也可形成。枣股年生长量很小，仅0.1～0.2 cm。当遭到自然灾害和人为掰掉枣吊后，当年可再次萌发新的枣吊并能开花结果枣股是结果的基础，3～7年生结实能力最强，幼龄枣股因抽生枣吊少且枝条营养生长旺盛结实力差，10年后逐渐衰弱，寿命可达20年以上，但枣股的多少、结实力的强弱、寿命的长短均与着生位置和管理有关。一般管理好的树，枣股多，结实力强，寿命长；树冠外围通风透光较好的比内膛枣股结实力强；发育旺盛的30～60年生的中龄树比幼龄树，衰老树结实能力强（图5-2）。

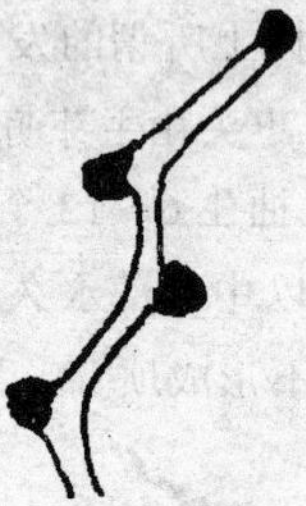

图 5-2　枣股

（周正群. 枣高校无公害栽培技术. 2003）

③ 枣吊，即结果枝，又称脱落性枝。由副芽萌发形成，主要着生在枣股上，当年生枣头一次枝的基部和二次枝的各节也着生枣吊。木质化的枣吊结果能力很强，一个枣吊上可结果 10 个以上。因此，枣吊的功能主要是长叶、开花、结果（图 5-3）。

图 5-3　枣吊

1. 枣股　2. 枣吊　3. 枣花序

（房师梅. 板栗、核桃、柿子、枣优质高产栽培. 1999）

31．枣树适宜在什么时期修剪？

枣树一年四季都需要进行修剪管理，枣在休眠期（落叶后至萌芽前）修剪称为剪，生长期（萌芽后至落叶前）修剪称为夏剪。果树休眠期养分贮藏较充足，剪后，地上部分枝芽量减少，能集中利用贮藏营养，并能使生长素类物质增多，促使新萌生枝条增强长势，有明显复壮作用。多用于幼树各骨干枝、结果基枝的培养和结果老树、老结果基枝的更新。夏剪去掉部分枝芽，消耗了部分贮藏营养，并减少新叶片营养合成；对树体生长有抑制作用，多用于缓和树势，平衡各类枝条生长势，促进花芽分化和坐果。夏剪最好在枣头生长高峰以后，以免刺激主芽萌发而消耗营养，华北地区可在6月上旬以后进行。

32．枣常用的修剪的手法主要有哪些？如何操作？

有短截、回缩、双截、疏剪、目伤、环刻、开甲（环剥）、摘心、拿枝、缓枝、拉枝等（图5-4）。具体做法为：

（1）短截

截去一年生枣头或二次枝的一部分，叫做短截，作用是集中养分，改善膛内光照，刺激生长或抑制生长。分轻短截、中短截和重短截。

（2）回缩

截去多年生枝条的一部分，作用是集中养分，改善膛内光照，促进生长，一般用于复壮和更新枝条。

（3）双截

在枣头上的二次枝上方截去部分枣头并将二次枝从基部疏去。作用是刺激主芽萌发生长，生长目的枣头，扩大树冠或培养结果基枝。

（4）疏剪

疏去膛内枣头、二次枝、枣股，作用是调整膛内枝条结构，集中养分，改善通风透光条件，平衡树势，健壮生长。疏剪的部位和剪去枝条强弱不同其作用不同。疏枝，对全树整体有减弱生长势作用，但对被疏去枝条的母枝能增强生长势。对同一枝条，疏去平斜弱枝能增强该枝生长。

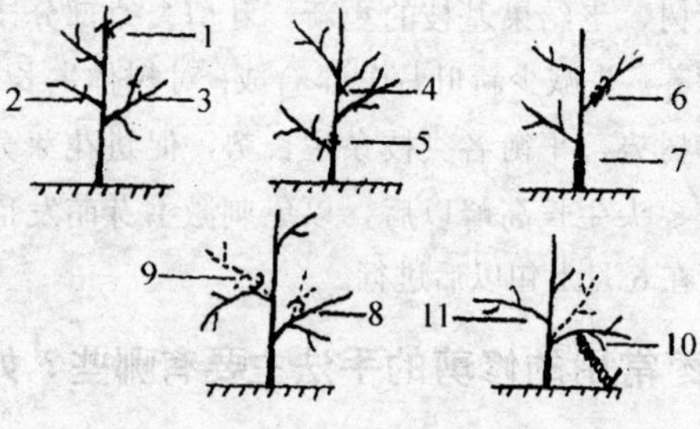

图 5-4　修剪技术示意图

1. 双截　2. 短截　3. 摘心　4. 疏剪　5. 目伤　6. 环割
7. 开甲　8-9. 软化拿枝　10. 拉枝　11. 缓枝
（周正群. 枣高校无公害栽培技术. 2003）

（5）目伤。在枣头，二次枝基部主芽的上方 0.5 cm 左右处横割两刀至木质部，两刀间距 3 mm 左右，剪去二次枝。作用是刺激主芽萌发生成目的发育枝。

（6）环割。在骨干枝上用刀环割 2～3 圈，环与环间有一定间距。作用是暂时割断该枝的韧皮部输导组织，阻隔养分回流，提高环割部位以上营养物质积累，促进花芽形成，提高坐果率，是密植高效枣园提前结果，增加枣前期产量的重要技术。

（7）开甲。在枣树主干上进行环状剥皮称为枣树开甲。作用是暂时割断树干皮层输导组织，阻断甲口以上部位养分回流，集中营养，用于形成花芽、坐果，是促进花芽形成，提高坐果率的重要手段。开甲时间不同，其作用不同。如在枣树萌芽期开甲，有促进花芽分化和形成的作用；在枣树花期开甲，有提高坐果率的作用。枣的花芽分化和形成不成问题，故一般只在花期开甲。

（8）摘心。剪去新生枣头的部分嫩梢叫摘心。作用一是抑制枣头生长，减少养分消耗，减少落花落果，提高坐果率；二是培养目的结果基枝。

（9）缓枝。根据树冠构成各类枝条的不同要求，在修剪时对不动的枝条称为缓枝。作用是缓和枝条的长势，平衡树势，有利于开花结果。

（10）拉枝。根据树冠各类枝条构成角度的要求，将枝条拉成适宜角度。作用是平衡各类枝条生长势，构建良好的树体结构。

（11）拿枝软化。对堂内非骨干枝、影响骨干枝生长及堂内光照的枣头或二次枝，手持枝条慢慢弯曲，改变生长角度的作业手法称拿枝软化。作用是破坏枝条输导组织，缓和生长势，改善室内光照条件有利结果。

（12）抹芽与除萌。及时抹去各级枝上萌生的无用芽及嫩枝，以减少养分消耗，利于树体发育与结果，一年内要多次抹芽。枣砧木易发根蘖，对不留做育苗用的，应及早刨除。

33．枣树如何夏剪复壮高产？

夏季修剪枣树，可控制枣头的生长发育，减少养分消耗，复壮树势，扩大结果面积。

夏剪枣树，适时最关键，一般可在新枣头长到30 cm以上时分期进行。剪得过早，一次枝上枣股易萌发新枣头，影响坐果；

剪得过晚，营养生长加速，多头竞争，会过多消耗养分。

枣树夏季修剪的具体方法是：

（1）疏枝。疏除堂内过密的多年生枝和骨干枝上萌生的新枣头。枝条疏散，红枣满串。所以，凡位置不当、不计划留作更新枝利用的，都要尽早疏除。

（2）摘心。就是剪掉枣头顶端的芽。一般摘掉幼嫩部分 10 cm 左右，摘心部位以下保留 4～6 个二次枝。对幼树中心枝和主、侧枝摘心，能促进萌发新枝；对弱枝、水平枝、二次枝上的枣头轻摘心，能促进生长；对强旺枝、延长枝、更枝的枣头重摘心，能集中养分，促进二次枝和枣果的发育，增加枣股数量，提高坐果率。

（3）整枝。对偏冠树缺枝或有空间的，可将膛内枝和徒长枝拉出来，填补空间，以调整偏冠，扩大结果部位。对整形期间的幼树，可用木棍支撑、捆绑，也可用绳索坠拉，使第一层主枝开张角保持在 60° 左右。

（4）抹芽。将主干和骨干枝上萌生的无用嫩芽抹去，以节省养分。

（5）缓放。对留作主枝及侧枝的延长枝及主果枝，当年枣头不做处理，使其继续延长生长，扩大树冠，增加结果面积。

（6）除蘖。对根部滋生的根蘖，如不打算留作种苗的，要及早铲除，以免无用根蘖争分营养。

34. 枣树的夏季修剪技术有哪些？

枣树夏季修剪是指生长季的修剪，多在 5～7 月份进行。夏剪的目的在于抑制枣头过多过长生长，减少无益的养分消耗，调节营养的流向，改善光照条件，提高坐果率，促进果实发育，提高产量和质量，同时培养良好的结果枝组，增强树势。夏剪的内容有：

（1）抹芽。对于刚萌发无利用价值的枣头，应及早从基部抹除，以节约养分，利于通风透光。

（2）摘心。萌芽展叶后到6月份，可对枣头一次枝、二次枝、枣吊进行摘心，阻止其加长生长，有利于当年结果和培养健壮的结果枝组。对枣头一次枝，摘心程度依枣头所处的空间大小和长势而定。一般弱枝重摘心（留2～4个二次枝），壮枝轻摘心（留4～7个二次枝）。对矮密枣园也可对二次枝和枣吊进行摘心。摘心程度要适度，过强时虽当年结果很多，但影响结果面积增大，往往翌年二次枝上大量萌发枣头。过轻时，坐果率降低，品质差，结果枝组偏弱。

（3）开甲。一般在枣树盛花期（30％～50％的花开放时）进行。

（4）拉枝。一般在5～7月份进行，使枝条分布匀称，冠内通风透光良好。

35. 不同树龄枣树如何冬剪？

（1）幼树

幼树树体生长旺盛，新梢生长量大，二次枝抽生数量多，树冠迅速扩大，修剪应做到整形和结果兼顾。主、侧枝的延长枝一般留全枝长的2/3进行剪截，并疏除剪口下1～2个二次枝。对密挤枝、交叉枝、重叠枝和无生长空间的徒长枝进行疏除，控制竞争枝、直立旺枝的生长。对生长中庸、角度开张的发育枝应缓放，过长或后部出现“光腿”的枝条应适度回缩，增加结果枝的数量，培养成结果枝组。对生长较弱的幼树应适当短截，疏除过密细弱枝，多保留健壮枝，拉平直立的枝作为奉养枝，以促发健壮的结果枝。

（2）结果树

结果树树冠已基本形成，扩冠已不再是主要任务，修剪的重点是维持良好的树体结构，保持树体的生长势，调节生长和结果的关系，延长结果年限。冬剪时可根据枝条长势、树冠各部位的空间情况，适当疏密、截弱，以保持稳定的结果部位和生长势。对各级延长枝，一般剪去当年生枝的1/3～2/3，并疏除剪口下1～2个二次枝。已郁闭的密植园，剪截延长枝后不再疏除剪口下的二次枝，以控制树冠大小。对衰弱的主枝、侧枝、多年生辅养枝、结果枝组、下垂枝，在有健壮枝的部位进行回缩更新或抬高角度，使其恢复生长势。树冠上部应注意及早落头开心。打开“天窗”，并回缩或疏除树冠上部和外围的过密枝、强旺枝，以改善内膛光照。对各部位失去结果能力的衰弱枣股，应及早疏除或回缩更新。

（3）衰老树

衰老树树冠逐渐缩小，生长转弱，冠内出现大量的枯死枝，结果部位外移，产量下降。修剪任务是更新骨干枝和结果枝组，增强树势，促其“返老还童”。要利用中下部角度小、生长健壮的枝换头，或在较直立的枝段回缩，促使隐芽萌发更新。利用好位置适当的徒长枝，将其培养为骨干枝和结果枝组。对结果枝和结果枝组，要本着“去弱留强”的原则，选留壮枝、壮芽进行更新修剪。对难以更新的极度衰弱树，可在加强土肥水管理的基础上，对主侧枝及大枝组在10～15年生部位进行一次性全树大更新，当年即可萌发大量新枝，并采取抹芽、摘心和冬剪等措施。

36．幼树期的整形修剪如何进行？

冬枣幼树阶段，单轴延伸能力较强，分枝出现较晚，且量少位高，树形形成较慢，不宜培养成合理而牢固的骨架。所以必须通过定干才能控制发枝部位，培养主枝，促进萌生较长的枣头，形成理想的骨架。

定干应视苗木当年生长状况而决定适宜时期。弱苗、小龄苗及栽培条件较差的枣园，栽植当年不定根，应加强管理，苗木复壮后定干；而对当年栽植的大苗及栽植条件好的枣园，可于栽植后定干，一般将定干苗的规格界定在高1.8～2 m，苗木胸径2 cm。

定干高度应根据栽培密度而异，密植枣园宜低，30～50 cm；一般枣园宜80～100 cm；间作枣园宜100～120 cm。可采取两种定干方法：

（1）带内留枝法

即在定干高度以上留25 cm的整形带，带以上部分截除，带内的二次枝从基部截除，带下的二次枝全部清除，集中营养供给主轴上的主芽，以多萌生发育枝。对新萌生的发育枝，留上部一枝作中央领导头（开心形不留领导头），其余新枝培养成主枝。一般密度的枣园及散生冬枣树可用此方法。

（2）留茬萌枝法

即在定干高度以上留 4～5 节，截除以上部分，剪口下第一个二次枝从基部剪除，利用主轴上的主芽萌生中央领导枝。余下的 3～4 个二次枝留下一节重截，使主枝从二次枝上抽生，以下二次枝不作处理，以后逐年清除。密植冬枣园多用此方法。

37.自然圆头形的特点以及修剪？

适用行株距：行距6～7 m，株距5～6 m。

树体结构：全树有4～6个主枝，不分层。每个主枝上有2～

3 个侧枝，结果枝组均着生于主枝的两侧和背下。

树形特点：整形容易，树体高大，枝量多，修剪量小，树冠开张，通风透光良好，成形快，早期丰产，果实品质好。适合于枣林栽培或枣粮间作。

培养方法和过程：定干高度 1 m，定干后剪口下第一个二次枝剪除，再向下选留适当的二次枝 3～5 个，各留 1～2 节短截，其余全部剪除。这样处理后第一年，可培养成主枝 3～4 个，除中心干外，各主枝均向四周围斜上方伸展。第二年将中心干剪枝留 60 cm，促生分枝，继续培养主枝，第一年定干形成的主枝剪留 50 cm，同时将剪口下 2～3 个二次枝剪除，剪口芽萌发后作为主枝的延长枝，下边 1～2 个主芽萌发作为侧枝培养。各主枝的第一侧枝应留在主枝的同一侧，以免留枝不均，相互交叉。以后视主枝的长度和粗度培养第二、第三侧枝。培养方法与第一侧枝相似。中心主干上主枝数达 4～6 个后，不再短截，只在其上培养结果枝组，使其提早结果，控制长势以后视内膛光照情况，在适当部位落头。由于中心干生长势不太强，主枝开张角度 50°～60°，树冠呈圆头形。

注意事项：盛果期后内膛小枝容易枯死，造成结果部位外移。要及时落头开心，改造成开心树形。

38. 小冠疏层形（主干疏层形）如何整形修剪?

（1）树形特点

树形的基本结构是：干高 0.5 m，整树高 3 m 左右，主枝分三层，着生于中心主干上，一般为 7～9 个，长度为 0.8～1.5 m，下长上短。第一层有主枝 3～4 个，长度为 1.2～1.5 m；第二层有主枝 2～3 个，枝长 0.8～1.2 m，距第一层 70～80 cm；第三层有主枝1～2个，长度为60～80 cm，距第二层主枝60 cm。三层主枝，在主枝上不培养侧枝，直接着生二次枝。同时其所着生的结果枝组重叠少，光照条件好。

其特点是树体树冠小，结构好，修剪程序简单，培养树形时间短，适于株行距1.5 m×2 m或3 m×4 m的各种形式的密植枣园，便于管理和手摘果采收。培养树形需3年时间。

（2）整形修剪技术

定干第一年夏季，当萌发的枣头长到20 cm左右时，保留顶端的枝条作为中心领导干培养，选其下部3～4个生长旺盛、分布合适的枣头，培养为第一层主枝。枝间方位角互为90°～120°，如相差大，可用拉枝方法调整。对其他未选枝条全部剪除。

定干后第二年春季，对中央领导干留80 cm后短截，并剪掉剪口下第一个二次枝，利用主干上的主芽抽生新枣头，继续作中心领导干。同时对下面的2～3个二次枝剪除，利用二次枝上的主芽萌生枝，培养第二层主枝。

夏剪既要保留第一层3个主枝和中心干的生长优势，又应保留第二层2～3个主枝的生长，可通过拿枝使枝头向适当的空间延伸。到夏末秋初，当中心干延长枝长出的7～9个二次枝有5～6节时，对其摘心，促进加粗生长，并使摘心后的主芽发育充实，为下年结果打下基础。

定干后第三年春剪，对第一、第二两层主枝控旺促弱，使其均衡发展，并使第一层枝的生长势高于第二层枝。对中心主干在60 cm处短截，并剪去顶端两个二次枝，开始培养第三层的1～2个主枝。

夏剪通过控旺促弱，使树体各主枝平衡发展，达到所需要的长度。

主干疏层形是小冠疏层形的扩大利用，树形培养程序和方法基本相似。

39. 如何对盛果期的枣树整形修剪？

盛果期枣树修剪的主要任务是维持树势，稳固骨架，充分利用新生枣头更新结果枝组，改善树体的光照条件，达到延长盛果期的目的。

枣树由于连年结果易于衰老，盛果期骨干枝前端会弯曲下垂，甚至出现干枯、焦梢现象。长势强的树，仍能抽生一定数量的新枣头，如果让这些枣头放任生长，不加修剪，连续数年延伸生长，便会形成细弱的下垂枝。这些枝条在树冠内生长紊乱，挡风遮光，使骨干枝中下部的二次枝大量枯死，结果面积减少，部位外移，造成产量低而不稳，所以修剪很重要。

在修剪上应以疏间为主，疏间和短截相结合。掌握“延长骨干枝、短截衰弱枝、培养健壮枝、去掉徒长枝”的原则。

（1）选留枣头，增强树势

在修剪中注意选留生长在外围的枣头，以扩大结果面积；留生长在骨干枝上的枣头（背上枝）作为主枝延长枝，以抬高主枝角度；留生长充实和有发展前途的枣头（更新枝），以逐步取代衰老枝；留具有大量二次枝和枣股的结实能力强的枣头（结果枝），以保证结果枝组提高结果能力。

（2）剪除劣枝，降低内耗

在连年结果的树内，有些劣枝由于位置不当或结果量少，保存有害无益，既影响通风透光，又造成树形紊乱，空耗养分，应当剪除。如下垂枝、衰老枝、过密的内生枝和交叉枝、细弱的斜生枝和重叠枝、无用的病虫枝和干枯枝、位置不好的轮生枝和徒长枝。

另外对枣股上抽生的细弱枣头，要从基部或连同其枣股一起疏除，枣头基部留桩修剪会导致树上出现不萌生枣吊的鸡爪股，故不能留桩修剪。

（3）回缩更新，培养树势

进入盛果期后，主枝的先端出现下垂现象，背上陆续抽生新生枣头，下垂部分的枣股仍有较强的结实能力，不要急于回缩，待背上的抽生枣头培养成主枝延长头后再回缩修剪。对无新生枣头抽生的下垂枝应回缩，但回缩时应选有壮股壮芽的部位加以培养，以利抽生健壮枣头。如弯曲的弓背上已经出现自然更新枝，则可直接回缩至更新枝处。对多年生的细长枝，要回缩到有分枝处，以增强生长势，恢复结果能力。对光秃的骨干枝，要逐步回缩更新，培养新枝条。主枝强的适当短截，弱的可用生长壮的“枣头”来更换代替，以均衡树势。有人将盛果期冬枣树枝条处理方法编成口诀：重叠枝一升一降，交叉枝回缩该向，对头枝一伸一缩，细弱枝回剪冗长，下垂枝改头移位，直立枝留弱去强，外围枝少留多去，内膛枝充实健壮。

（4）疏摘扭拉，搞好夏剪

结果期枣树的夏剪很重要。冬枣树有主芽萌发能力特强的特性，冬剪时对枣头主枝短截后，剪口下二次枝基部的主芽很快萌生新的枣头。这些枣头一般直立徒长，不仅消耗树体大量的养分不利于坐果，而且造成全树枝条密挤，树形紊乱。若不加处理，会形成树上长树，枝上长枝，使结果部位变成无用枣头，上部新生枣头盖顶，影响透风透光，下部结果部位见花不见果，且果实发育不良。因此，若把冬剪作为整形修剪的话，夏剪则为保形修剪。

冬枣树的夏剪，可以压缩树冠外围新生枣头的数量和长度，适当控制营养生长，避免无益的消耗，改善树冠通风透光条件，达到合理控冠，保证树体养分向开花坐果分配，使各结果枝组正常的花芽分化、现蕾、开花、坐果和果实发育。

夏剪一般分为疏头摘心、扭枝拉枝等技术环节，应根据枣园密度及树形合理使用。

① 疏头摘心。根据三类树况实行不同的疏摘方法。

a. 密植枣园宜采取以疏为主的方法。此方法即是控制新生枣头。对发芽后萌生的各类新生枣头，不论位置如何，一律自基部疏除（抹芽）。保障冬剪时所保留枝组的正常生长和发育，开花和结果，为了保证效果，需反复进行多次。

b. 中密度枣园宜采取疏摘结合的方法。中密度枣园一般冬剪时保留的树冠较大，冠内大、中型结果枝组较多。对此树形，发芽时只保留具有一定生长空间、角度合理的新生枣头，培育为中、小型结果枝组，其余全部疏除。亦应反复多次进行，花前对留下预培为中、小型结果枝组的枣头进行摘心（打枣尖），保护 2～5 个二次枝。并于开枷前对所有当年生枣头全部摘心。

c. 一般枣园宜采取以摘为主的方法。此方法保留的结果枝组较多，宜与化控措施配合使用，以提高坐果率。当枣头长至 5 cm 左右时，用枣丰灵 4 号对全树喷洒。待枣头发育至 10 cm 左右时，进行第一次摘心，保留 2～3 个二次枝，并疏除萌生的无力分生二次枝的细弱枣头。对位置不当，无法培养为结果枝组的枣头，不作疏除而实行留茬剪（重摘心），保留剪口下 2～3 个枣吊，疏导枣头向生殖生长转化，以增加结果部位。以后每隔 10 d，对有生长空间的新生枣头，选留一定量的二次枝（3～5 个）后摘心，并对位置不当的枣头留茬剪。

② 扭枝拉枝。扭枝即是对虽然位置不好，但有保留价值的膛内非骨干枝，通过扭转在一定程度上破坏枝条疏导组织，改变其生长角度和方向，使其转向适宜的位置，填补冠内无效生长空间。扭枝多在枝条半木质化时（6 月份）进行，自新枝基部 3～5 cm 处扭转，扭至 180° 左右即可。为使枝条达到良好的位置效应，扭枝宜与拉枝配合进行。对于半木质化的枝条采取扭的方法，对于已木质化枝条则采取拉的方法。

40. 衰老期的整形修剪如何修剪?

枣树进入衰老期后，树冠和根系分布缩小，导致结果母枝老化，结果能力下降。骨干枝先端枯死，后部光秃，光合性能减退，光能利用率降低，逐步出现自然更新现象。此时衰老与更新的矛盾上升为主要矛盾。修剪的目的是复壮树势，对骨干枝进行有计划的回缩更新，延迟衰老。对结果枝组采取疏缩的方法更新复壮，利用新枣头重新培养骨干枝和结果枝组。因为枣树骨干枝衰老，易出现先端下垂现象，在修剪中应注意提高骨干枝延长头的角度，改善体内营养供应状况。

要根据衰老时间和衰老现状，进行不同程度的更新。

（1）衰老初期

现状表现为各级枝条生长已见转弱，二次枝及枣股开始死亡，骨干枝有光杆现象出现，且先端出现下垂，呈弓背状，延长枝停止生长，顶芽形成枣股，弓背处抽生新枣头，具有一定的抚养枝和结果枝组，但生长势明显减弱，产量逐年下降。

对这类枣树应轻度更新，回缩骨干枝下垂部分，剪去骨干枝的 1/8～1/5，刺激留下的部位抽生新枣头。剪口要处在弓背枝的最高处，此处如有新生枣头，应选一方位好的作为骨干枝的延长枝，没有枣头的选择向上着生的壮股，促其分枝。更新后可继续开枷。

（2）衰老中期

表现为树势衰弱，骨干枝回枯，结果枝组严重衰老，结果能力下降，二次枝和枣股大量死亡，下垂枝条死亡，结果部位缩小。如不更新，则会出现自然更新现象。

在修剪上应中度更新，剪去骨干枝的 1/3～1/2，并对光秃的结果枝组予以重截，促生新枝。充分利用自然更新抽生的枣头，扩大树冠，并停枷养树 2～3 年方可开枷。

（3）衰老后期

表现为骨干枝光秃严重，上部多数死亡，各级枝条大量死亡，全树新枝极少或无。结果部位明显减少，产量低，品质差。

对此类树应重更新，剪去各骨干枝全长的 2/3 左右，刺激新枝萌生，重新形成树冠。对部分木质部腐烂的、有坏死现象的骨干枝，更新时要选择不腐烂的部位，剪后注意保护剪口，对此类树应停止开枷。

41. 金丝小枣冬季整形修剪方法有哪些？

金丝小枣是我国北方的优良品种，栽培历史悠久，资源丰富。笔者通过多年的生产实践，现将金丝小枣整形修剪技术总结如下，供生产中参考应用。

（1）冬季整形修剪的时期

从 11 月中下旬落叶至翌年 4 月上旬发芽前。一般以春季发芽前最佳，此时天气温暖，剪锯口不易风干。

（2）幼树整形修剪的方法

① 适宜树形。金丝小枣喜光性强、干性强，适宜采用主干疏层形（也可采用开心形）。其结构是：全树有主枝7～8个，分3～4层，相间着生于中央领导干上。第一层主枝3个，开张角度60°～70°，每个主枝上分生2～3个侧枝，侧枝间距70～100 cm，第一侧枝距中干50 cm左右；第二、三、四层主枝配备1～2个侧枝，各层之间保持距离100 cm左右，各层主枝交错排列，树干高度100 cm左右。枣园宜矮，间作宜高。

② 定干方法可根据幼树的高度来确定。幼树高度在100 cm左右，不够定干高度者，用清干法。逐年清除树干下部过低的二次枝和发育枝，清干高度控制在树干高度的1/3，保持2/3的树冠，多留枝叶，促进幼树快长。当幼树长到树干高度以上时，在树干高度以上30～50 cm的整形带内选配第一层主枝，可选择3个方向适宜的二次枝截留1～2节，刺激二次枝节上的正芽萌发枣头培养主枝，中干顶部短截或摘心控制，促生主枝。

树高200 cm左右的幼树，将其顶部剪除，在树干高度以上30～50 cm的整形带内短截二次枝或选择合适的枣头培养第一层主枝。

③ 主侧枝及结果枝组的培养。通过延长头短截、疏除二次枝或重截二次枝（留1～2节），二次枝节上或下面的正芽就会萌发枣头，对培养主侧枝的枣头，在7～8月进行摘心，控制加长生长，促进加粗生长，增加其负载能力。按树形要求，第一层主枝培养成后，待中央领导干长到第2、3、4层高度后，再用同样的方法培养各层主侧枝。结果枝组的培养比较简单，健壮枣头上的二次枝结果能力很强，是现成的小型结果枝组，结果枝组主要配备在主侧枝两侧，背上宜少、宜小，层间可配备适量的结果枝

组。枝组的大小可根据空间大小和挡光情况而定，使其互不挡光互不摩擦。

（3）结果树的修剪

结果树要保持良好的树形结构，使树冠通风透光。修剪的主要任务就是疏除交叉枝、过密枝、重叠枝、病虫枝、干枯枝、细弱枝，对下垂衰弱枝回缩到健壮部位，通过短截、回缩等措施不断培新组果枝组，更新复壮老枝组和骨干枝，使全树 60%～70% 的结果枝组保持在 3～6 年的结果旺盛期。

42. 密植枣园怎样修剪？

密植枣园栽培密度高，通风透光差，修剪技术不同于一般的枣园。其修剪技术有如下特点：

（1）树形

随着栽培密度的增大，树形趋于简化，骨干枝数目和分级枝次减少。树形多采用两层延迟开心形、改良小冠形（大盘子托个纺锤体）、自由纺锤形、细长纺锤形、圆柱形、扇形、挺身 V 形。整形以早期丰产为目的，不刻意追求典型的树形。总的原则是幼树期尽可能培养大量的临时、过度、中小型、水平状态的结果枝组假组按包含 3、5、7 个二次枝分为小、中、大型枝组，按结果 2、3、4 年划分为临时、过度、永久性结果枝组），保证枝条每天有 3～5 h 的直射光，做到结果与整形同步。在第 1 层厚 35～50 cm 的叶幕层内，做到大枝稀，结果枝密，外围稀内膛密。

（2）整形技术

改传统 3～4 年清干法整形为快速成形与早期丰产同步进行。主枝上不设侧枝而直接着生各类结果枝组。在第 1 层叶幕层内，除 2～3 个扩冠枝以外的所有枝条应在夏季连续进行 2～3 次摘心，秋季再拧枝软化为水平状态枝组。待结果后逐年回缩，改善树体光照条件。具体进程如下：

第一年培养足够数量的饱满主芽。定植后，在苗木距离地面30～40 cm处重短截，待部分新生枣头长至5 cm左右时，对未萌发新枣头的苗木剪口下萌生的枣吊剪留1/4，促发新生枣头，6月中下旬摘去幼枣。7月上中旬在新枣头刚长出第5或第6个二次枝时摘心，控制其延长生长，当年可培养5～6个成熟健壮的二次枝。

第二年培养树形及大量的各类结果枝组。①开春后到萌芽前，尽量多促发枝势平衡的新枣头。从上到下，第1个二次枝剪留3个枣股，并抠去其背上枣股；第2个二次枝剪曹1～2个枣股，同时抹去侧生主芽；第3个二次枝剪留1～2个枣股，剪口枣股留背上方位；剪除第4、5、6个二次枝，同时在着生第4个二次枝的侧生主芽下轻刻，在着生第6个二次枝的侧生主芽上方刻伤，逐渐培养6～7个长势平衡的新生枣头。②及早摘心。5月下旬除中心干以外，对所有刚长出4～5个二次枝的新枣头摘心，随后及时叶面追肥2次，培养饱满二次枝侧生主芽。③中期夏剪。6月中旬摘心枝条由绿变褐时对第1个二次枝剪留1个枣股。同时株追施尿素0.1 kg，浇大水1次，可促生2个新生强壮枣头。④早秋控势。9月上旬，在40 cm整形带内选择角度开张、方位合适的2～3个扩冠枝，其余所有枝条拧枝处理，使其成为水平或下垂状态的结果枝组。⑤晚秋摘心复壮树势。霜降前20 d对所有未停止生长的枝条摘心。

第三年培养第2层主枝及大量小型枝组。扩冠枝剪留1个枣股，缓势扩冠。采取环刻法培养结果枝组，即在需萌枝部位前环刻，同时二次枝剪留1个枣股，促萌2个新生枣头，夏季适时摘心。中心干上二次枝剪留 2～3 个枣股让其结果，新发枣头留 2 个新生二次枝及早摘心。树高 2 m时落头，于 6 月中旬培养 2 个 60 cm 长单轴延伸新枣头，通过拿枝软化培养为呈水平状态的永久中型枝组。

第四年，在树冠覆盖率达 70%时进行花期化控。花期抹去过多嫩芽，所有立次枝剪去前端 2～3 个结果能力差的枣股，以便集中树体营养，提高坐果率，并用化学药剂控制树冠进一步扩大。

（3）整枝

8 月中下旬除选留的 2～3 个扩冠枝外，其余枝条全部进行拿枝、拧枝处理，使之软化呈水平状，个别壮枝需进行 2 次软化处理，以缓和幼树长势。

（4）扩冠枝复壮

于 9 月下旬，晚箱前 20～30 d，对扩冠枝的二次枝在下年培养枝组处剪截。来年开春后剪留 1 个枣股，剪口侧生主芽萌发新枣头扩大树冠，枣股芽萌发的枣头视空间大小摘心、拧枝，培养成为结果枝组。

（5）控冠技术

由以前单纯的回缩修剪控冠转向果控、化控、肥控等综合措施调控。化控常用每株土施 1.5～2.0 g PP333，肥控方面包括增施磷钾肥，合理施氮肥、微肥、专用肥、稀土元素等。

（6）定干技术

利用枣树二芽三枝相互转化习性，采用低定干、剪枣吊、夏摘心的措施，定植当年即可培育出饱满的主芽。第二年夏季适时修剪，促萌新枣头，解决早期丰产对枝量（每平方米 80～100 个有效枣股）的要求，同时在培养树形方面也有了大量可供选择的理想枝条。

（7）枝组培养

通过截、摘、放、拿等方法，使各类枝组以水平状态单轴延伸，当年培养一定数量水平状态的中庸枝组，待结果后逐年回缩成较紧凑的结果枝组。这样通过春刻芽、夏摘心、夏短截、秋开角 4 次修剪，基本上使树体能够按人为的栽培要求生长发育。另外，除地上修剪外，遇到过度降雨年份，根系的修剪也应受到重视。

43. 什么是盛果期枣树“五字”修剪法?

（1）疏

疏除冠内轮生、并生、徒长、重叠、密挤、病虫、干枯枝，以打开冠层，使其透光通风，为留下的枝条创造良好的条件。

（2）缩

即对多年生枝先端下垂部分回缩到壮段、壮芽处，抬高枝条角度，增强生长势。剪口下若有二次枝可剪除，促其萌发新枣头。对过度衰弱的各级骨干枝应适当回缩，促进潜伏芽发出新枝，重新培养出主枝延长枝和侧枝，充实内膛。当骨干枝上出现更新枝时，可再次接回缩至更新枝处。

（3）堵

即把枣头延长枝剪掉一段，又称短截。对枣头延长枝只剪一剪子，剪后一般不出枝，故有“一剪子堵”的说法。各级骨干枝上不做延长枝的枣头生长过长时，应截短，控制其继续延伸，使结构紧凑、下部枣股和二次枝得到复壮，培养成健壮的结果枝组。对连年单轴延伸、后部二次枝细弱的主枝延长枝，可剪除延长枝 30～50 cm，使后部二次枝得到复壮后继续延伸。对各级骨干枝上的徒长枝和 1～2 年生的发育枝，根据空间大小留 4～6 个二次枝截短，培养成中小型结果枝组。

（4）放

促进枣头继续延伸的方法叫放。有三种措施：①经过上回修剪的骨干枝剪口下萌生的新枣头，选留方向好、长势壮的 1～2 个甩放不动，培养出主枝延长枝和侧枝。②长势健壮的骨干枝因主、侧枝配备较好且有空间利用，对延长枝甩枝不动，翌年再加以控制。③通过修剪刺激，使枣头萌生。但各级骨干枝经短截后一般很少发枝，必须剪掉剪口下 1～2 个二次枝才能抽生新枣头，故有“两个剪子出”的说法。

（5）拉

即拉枝。由于长期放任生长，造成树冠紊乱、偏枝缺冠等现象，可把外围有空间的多年生直立枝用绳拉至适当位置，加以固定，填补空间，改善光照，以扩大结果面积。

开心树形由树干、主枝、结果基枝组成。要求是：树干高 70 cm 左右（枣粮间作栽种形式的干高 100 cm左右），全树一般留 4～5 个主枝，主枝着生于树干的延伸部，主枝长度视果园的密度确定。如株行距为 2 m×4 m 的栽植密度，主枝最后长度维持在 150 cm 左右。主枝与树干夹角（基角）50° 左右，相邻主枝间水平夹角 90° 左右，向周围 4 个方位伸展。

结果基枝着生于树干上（前期）、主枝或大结果基枝上，其水平角度要大于同级次主枝或结果基枝，长度视树冠空间大小、着生位置确定，生长势要弱于同级次的主枝或结果基枝。如主枝上的结果基枝的水平夹角要大于所在主枝，生长势弱于所着生的主枝。

44. 开心形的树形结构特点有哪些？

（1）树形结构及特点

开心形的结构为全树配备 3～4 个主枝，分布于一层内，主枝上选留 2～3 个侧枝，结果枝组均匀分布在主、侧枝的周围，树冠结构中间，阳光可以自上部直射内膛，透光性好，坐果良好，不会出现因树冠中心光照不足而不结果的空膛。缺点是主枝少，主体结果能力差。

近年发展的双层开心形，即双层主枝，是从开心形演变而来的，其弥补了开心形主枝少的缺点，保持了开心形受光好的优点，两层主枝选留后，并成为双层五主开心形。

（2）整形修剪技术

双层开心形修剪时需注意两点：一是掌握合适的开心角度，若开心角度过小，达不到开心的效果，易使树形向自然圆头形过渡；若开心角度过大，主枝的结果负载量过大时，会造成枝条过于下垂，生产管理不便。二是二层枝的枝距要合适，一般不小于 1.5 m，层枝距过小，下层枝收不到开心的效果。

留枝方法同主干疏层形或小冠疏层形。但应注意，当上层枝主枝培养成后，要及时开心，除去中央主干。

45. 如何进行开心形整形修剪？

整形方法有两种：一种是枣定植成活后，（以株行距 2 m×4 m 为例）第一、二年要加强肥水及病虫防治等综合管理，促使枣树旺盛生长，当树干距地面 1 m 左右处（枣粮间作 1.3 m 左右）径粗达到 2 cm 左右时，在春季萌芽前在此高度进行双截定干，树干上的二次枝全部从基部剪除。定干后第一年剪，自树干距地面 70～100 cm处，选择 4～5 个长势好，与树干夹角 50° 左右，向周围 4 个方位伸展的发育枝作为主枝，各主枝间隔 15 cm左右，定干处第一发育枝仍作中心枝延长枝头继续保留直立生长，在主枝和中心枝的延长枝头上，选择主芽壮的部位进行双截，促进枝头健壮生长和继续延伸。树干70 cm以下的发育枝全部从基部剪除，主枝和中心枝延长枝上的枝条一律不动，但要加大角度，减弱生长势，不影响主枝和中心枝延长枝生长。夏剪要通过拉枝、拿枝软化、摘心等技术调整各类枝条的生长势，保证骨干枝的旺盛生长。保留下来的其他发育枝培养成结果基枝。定干后第二年剪，通过对主枝继续在壮芽处进行双截，延伸生长，其余枝条针对在树冠内着生位置和空间大小，培养成大小不等的结果基枝。夏剪要继续调整各类枝条的生长势，保证骨干枝的旺盛生长，对培养的各类结果基枝，在枣花开40%左右时在其基部实施环割技术，使之结果，以果压冠。

定干后第三年剪对主枝进行壮芽处双截，继续延伸生长，其他枝条一律不动，夏剪时继续调整各类枝条的生长势，保证骨干枝旺盛长势，在枣花开40%左右时继续环割结果基枝及中心枝，使之结果，减缓其生长，不断扩大结果部位。定干后第四年剪，枝条已经或即将搭接，不影响树体平衡生长的枝条，可以不动，对影响主枝或永久结果基枝生长的发育枝从基部疏除，对无生长空间的结果基枝进行短截，控制生长。夏剪继续上年修剪方法。在枣花开到40%左右时在树干距地面20 cm处开甲（开甲，技术详见花期管理部分），使全树结果，以果压冠，减缓树体生长速度，进入结果期。在中心干延长枝影响主枝生长时可以疏去，最后改造成为开心形，树高2.5 m左右，至此时枣整形完成。

另一种整形方法为枣定植成活后第一年剪，在枣树干距地面60～90 cm处的二次枝或枣头，选择4个生长方位适宜，枝间间距15 cm左右，与中心主枝夹角50°左右，生长势强的二次枝或枣头作为主枝，其长度在80 cm时可在该枝条的1/2～2/3的壮芽处双截，促使主芽萌发作为延长枝头延伸生长，其余枝条均培养成结果基枝，第一主枝以下的枝条全部疏除。夏剪对培养的结果基枝运用拉枝、拿枝软化、摘心等技术，缓和其长势使之尽早结果，促进主枝旺盛生长。如果选作主枝的二次枝或枣头长度不足20 cm，说明长势弱，短截后难以萌生健壮枣头，可以不进行修剪，等第二年剪再进行。第二年剪，对选留的主枝延长枝头在壮芽处实施双截继续保持旺盛生长，其余枝条不动，夏剪时调整各类枝的长势，继续缓和结果基枝长势，在枣花开40%左右时，对结果基枝实施环割技术使其结果，以果压冠。第三年继续第二年的做法，第四年当选留的主枝长度达到要求的长度时，可不进行剪，夏剪在枣花开40%左右时在树干的基部实施开甲技术，使全树结果，此时已进入结果期，当中心枝影响主枝生长时疏除，改为开心形。树高保持在2.5 m左右，此时枣整形完成（图5-5）。

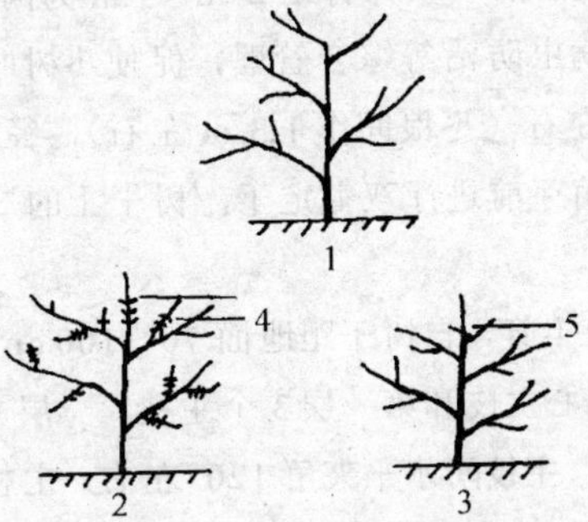

图5-5　开心树形示意图

1. 开心树形　2. 整形　3. 延长枝落头　4. 结果枝环剥　5. 延长枝落头处

（周正群. 枣高校无公害栽培技术. 2003）

46. 延迟开心形的特点有哪些？

延迟开心形又称疏散分层形。由树干、中心主枝、主枝、结果基枝组成。要求是：树干高70 cm左右（枣粮间作100 cm左右），全树留5个主枝，分两层，着生在中心主枝上，主枝间距15 cm左右，与中心主枝夹角60°～70°，基部三主枝间水平夹角120°左右，第四、第五主枝与中心主枝夹角60°左右，与第三主枝交错生长。主枝长度视栽植密度而定。结果基枝着生在中心主枝和其他主枝上，结果基枝的基角要大于同级主枝的基角，生长势要弱于同级主枝。

47. 如何进行延迟开心形整形修剪？

在枣定植成活后（以株行距2 m×4 m为例），第一、二年要加强肥水及病虫防治等综合管理，促使枣树旺盛生长，当树干距地面1 m左右（枣粮间作1.3 m左右），径粗达到2 cm左右时，在春季萌芽前进行双截定干，树干上的二次枝全部从基部剪除。

定干后第一年剪，自树干距地面70～100 cm处，选择4个长势好的作为中心主枝和第一层3个主枝。一层3个主枝与树干夹角60°～70°，主枝间水平夹角120°左右，主枝间距15 cm左右。中心主枝保持直立生长。在中心主枝和主枝选择壮芽的部位进行双截，剪去枝头的1/3左右，促进枝头健壮生长和继续延伸。中心主枝和主枝上的发育枝一律不剪，但要加大角度，减弱生长势，不能影响中心主枝和主枝的延长枝生长。夏剪要通过拉枝，拿枝软化、摘心等技术调整各类枝条的生长势，保证骨干枝的旺盛生长，保留下来的其他发育枝培养成结果基枝。定干后第二年剪，对中心主枝和第一层主枝进行双截，对新形成的发育枝。除疏除或短截影响骨干枝和其他结果基枝正常生长的枝条外均保留，通过摘心培养成结果基枝。在枣花开到40%左右时对各类结果基枝进行环割，使其结果，以果压冠，减缓其生长。

定干后第三年剪，在中心主枝上选择距第三主枝1.2 m左右，方向与第三主枝相对或交错，生长势强的发育枝作为第四主枝，即第二层的第一主枝；再在第四主枝的对面，距第四主枝 15 cm左右，选择生长势强的发育枝作为第五主枝，第四、第五主枝与中心主枝的夹角比第一层主枝与中心主枝夹角小一些即可，以保持其生长优势。其余的发育枝在不影响骨干枝和其他结果基枝生长条件下仍保留，对中心主枝、各层主枝、结果基枝的处理同上年，定干后第四年剪，疏除影响主枝和其他结果基枝生长的发育枝，对各类结果基枝根据所在位置、空间大小决定缓枝还是短截，空间大的可以缓枝结果，空间小的可以短截培养成小型结果母枝。夏剪要继续调整各类枝势，平衡长势，在枣花开40%左右时在树干基部实施开甲，使其结果，以果压冠。到第五主枝已培养成大枝，各类结果基枝配齐，中心主枝的延长头影响第五主枝生长和结果时，可在第五主枝的对面培养一个辅养枝，然后截去中心主枝延长枝头，落头成开心形，此时延迟开心形整形完成。也可以在第五主枝的上面，夏剪时将中心主枝延长枝头拉枝弯倒，成为开心形。整个枣树高度维持在2.5 m左右。延迟开心形的另一种整形方法，可参照开心形第二种方法进行（图5-6）。

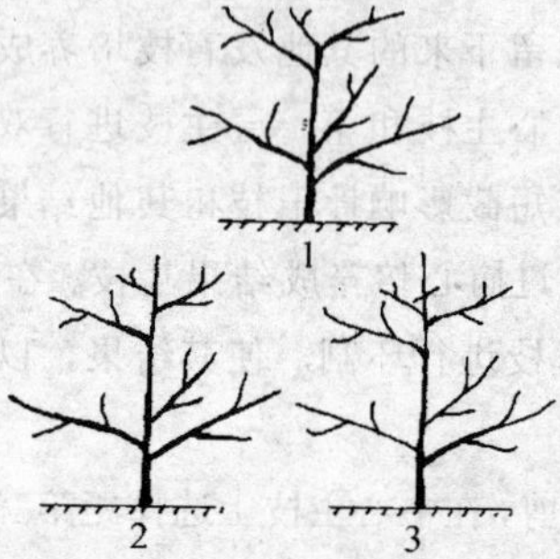

图 5-6　延迟开心形修剪示意图

1. 延迟开心形树形　2.二层主枝选留　3. 延迟开心形延长枝落头

（周正群. 枣高校无公害栽培技术. 2003）

48. 自由纺锤形有什么特点?

自由纺锤形由树干、中心主枝、主枝、结果基枝组成。要求是：树干高 70 cm 左右（枣粮间作形式的干高 100 cm左右），全树一般留 10～12 个主枝，主枝着生于中心主肢上，结果基枝着生于中心主枝和其他主枝上，各主枝间距 15 cm 左右，主枝与中心主枝夹角（基角）70° 左右，上部主枝基角要小于下部主枝的基角，保持各主枝均衡生长。相邻两主枝水平夹角在 120° 以上，各主枝交错生长，两重叠的主枝间距要在 1.2 m 左右。主枝大小根据枣栽植密度而定，结果基枝的角度要大于同级主枝的角度，生长势要弱于同级的主枝，结果基枝大小根据树冠内的空间大小而定，树高控制在 2.5 m左右。

49. 怎样对自由纺锤形进行整形修剪？

枣定植成活后（以株行距 2 m×4 m 为例）第一年要加强肥水及病虫防治等综合管理，促使枣树旺盛生长，第二年剪，在树干上 70 cm 左右处选发育枝生长量达到 80 cm，可选留第一、第二主枝，并在延长枝头的壮芽处双截，截去枝头的 1/3 左右。第一、第二主枝间距 15 cm 左右，两主枝的水平夹角大于 120°，与中心主枝的夹角 70° 左右。对中心主枝延长枝在壮芽处进行双截，截去枝头的 1/3，保持其旺盛生长。对生长角度、间距适宜但生长量不够的发育枝、二次枝可留 1～2 个枣股短截，利用枣股上主芽萌发培养主枝，也可作下年选留主枝不动，任其生长，对不能作主枝的发育枝一律不剪，但要加大角度，减弱生长势，不影响骨干枝的生长。夏剪要通过拉枝、拿枝软化、摘心等技术调整各类枝条的生长势，保证主枝的旺盛生长，保留下来的其他发育枝培养成结果基枝，当枣花开 40%左右时，在其基部进行环割，使其结果，以果压冠。第三、第四年剪参照上年的要求和方法选留主枝，使主枝数达到 10～12 个，同时对主枝外的所有结果基枝在花期环割促其结果。主枝培养完成后，花期在树干基部（距地面 20 cm）开甲，使全树结果。对中心主枝延长枝头，可采用短截或拉枝控制其高生长，全树整形完成（图 5-7）。

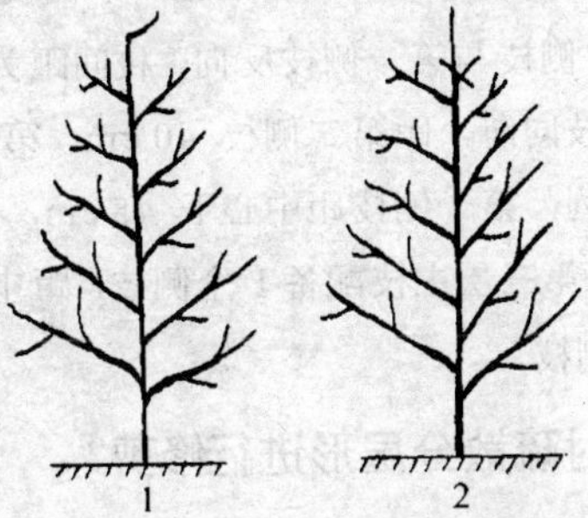

图 5-7　自由纺锤形修剪示意图

1. 自由纺锤形树形　2. 自由纺锤形落头

（周正群. 枣高校无公害栽培技术. 2003）

50．疏散分层形的树形特点有哪些？

疏散分层形也称主干疏层形，树冠高大，分3～4层。

适用行株距：行距6～7 m，株距5～6 m。适合于成枝力强，干性强，层性明显的品种，如圆铃枣、长红枣、晋枣等。

树形特点：树冠呈半圆形，树体骨架牢固，立体结果，通风透光良好，负载力强，一般不用支柱。主枝分层稀疏相间排列，膛内光照较好。树体结构：树高 5～6 m，干高 50～100 cm，全树有主枝6～7个，分为3～4层，各主枝相间错落着生在主干上。第一层主枝3个，均匀分布在树干的3个方向，主枝基角为50°～60°，层内距为20～25 cm。第二层主枝2个，与第一层主枝插空分布，层内距15 cm左右，主枝基角为45°～50°，第一、第二层主枝层间距80～100 cm。第三、第四层各有主枝1个，第二、第三层主枝层间距为60～70 cm，第三、四层主枝层间距为50 cm，主枝基角为45°左右。第一层主枝配置3个侧枝，第一侧枝距中心干50 cm，第二侧枝与第一侧枝反向，枝间距为30～40 cm，第三侧枝与第一侧枝同向，距第二侧枝 40 cm。第二层主枝配置 2个侧枝，左右排列，第一侧枝距中心干 45 cm，第二侧枝距第一侧枝30～40 cm。第三层主枝配备1个侧枝，距中心干40 cm。第四层主枝不配备侧枝。

51．如何对疏散分层形进行修剪？

（1）定干及第一层主枝培养

定干高度为1.0 m左右。剪口下20～30 cm的区域为整形带。将剪口下第一个二次枝从基部疏除，在整形带范围内选 3～4 个方向好、生长健壮的二次枝，在其基部留 1～2 个枣股短截，促使剪口下枣股顶端主芽萌发，并将之培养成为第一层主枝，同一个二次枝其他枣头抹去，只培养一个主枝，开张角度为50°～60°。整形带以下的二次枝全部从基部疏除。

（2）中心主干的培养

定干后第一年中心主干延长枝的长度若不能达到培养第二层主枝的高度，或枝条由于过细或芽体不饱满而不能培养第二层主枝，第二年对主干延长枝进行适当的短截或缓放不剪，当主干延长枝的粗度、高度及芽体的饱满程度达到要求后，再行培养第二层主枝，方法是在距第一层主枝100～140 cm的高度短截，同时疏除剪口下第一个二次枝，在剪口下20～40 cm的整形带内选3 个方向适当、生长健壮的二次枝留1～2 个枣股进行短截，促使剪口下枣股上的枣头萌发，培养第二层主枝2 个或3 个，其余枣头作辅养枝处理，辅养枝不剪截，缓放单轴延伸，不能有侧枝，也不得超过主枝，辅养枝过长时及时拦头回缩。第三层主枝1 个或2 个用同样的方法来培养。

（3）侧枝的培养

当第一层主枝粗度超过1.5 cm，长度超过80 cm时，在距中心干 50～60 cm 处剪截，同时将剪口下 2～3 个二次枝从基部疏除，选其下主芽萌发的第一个枣头作主枝延长枝，其下侧生的一个枣头作侧枝培养。各主枝的第一侧枝应留在主枝的同一侧。此后3～5 年内根据主枝延长枝的长度和粗度培养第二、第三侧枝。第二侧枝应在第一侧枝的另一侧，第三侧枝与第一侧枝在同侧。其余主枝上的侧枝培养方法相同。为加大侧枝基角，可剪留二次枝上第一个枣股，促发枣股枣头，培养成侧枝。

52. 小冠疏层形培养方法和过程是怎样的？

小冠疏层形是生产中最常使用的树形，培养好树形要从小树开始。

第一年：定干，培养第一层主枝。栽植后定干高度 80cm，定干剪口下第一个二次枝留 1 cm 剪。保留剪口下第一芽萌发的枝条直立生长，逐年培养成中心干，在此之下选留方向合适的 3 个枝条培养成第一层主枝，要求 3 个枝条的水平夹角为 120°，在主干上的距离为 20～30 cm。剪法是先选距地面 50～60 cm 的一个二次枝，剪留基部 1 节，促发枣头枝作为第一主枝，然后选第 3 个、第 5 个二次枝，剪留 1 节作为第二、第三主枝。其余二次枝全部剪除，集中营养供应这 4 个枝条的生长，遇树势衰弱，发枝少不能一年选留的可 2 年成形。

第二年：培养第二层主枝，同时培养第一层主枝上的结果枝组。春季将第一层主枝角度拉开至 70° 左右，中心干在距最高的主枝 80 cm 处剪截，培养中心干枝。对下面的两个二次枝选分布于第一层主枝水平空间的留 1 个节位重截，利用其主芽萌发培养两个第二层主枝。第一层主枝可以适当结果，对抽生的枣头枝适当摘心控制，位置合适的作为侧枝培养，其余的作为结果枝组来修剪，防止扰乱树形。

第三年：培养第三层主枝。中心干枝在距离第二层的第二个主枝 60 cm 处剪截，剪法如上年，第一枝还是“两剪子出”，促生中心枝，其下一枝选在第二层主枝分布的空间，留二次枝一节剪。培养 1～2 个第 3 层主枝。

壮年树的管理：定植四年后，主要采用疏枝和回缩等方法，控制树高和树冠大小，保持通风透光，维持适当的结果枝数量，保持产量的稳定上升。

注意事项：

定干后，第一年的3个发主枝的二次枝留一芽剪，第一个芽易出枝，第2、第3芽树势稍弱则不易出枝，应刻芽促萌。新生枣头达到80～100 cm及时摘心，注意顶芽位置，即第一个二次枝方向向外或向一侧，将来剪除二次枝后，基部主芽发的枣头可沿原主枝延伸方向发展，使第二个二次枝向外侧，其二次枝留第一节剪，发的枣头作为侧枝留下。一般作枝组的枣头仅保留2～3个二次枝剪，不讲方向，但剪口第一个二次枝向外，如不成可另选第三个，如嫌二次枝多了，可疏去密挤的一个，一般疏向内、向上生长的一枝。

侧生枝的培养。为培养侧枝、枝组而刺激单轴枝出分枝，培养侧枝、枝组时，可把计划留侧枝处的侧生二次枝剪留基部一枣股，让枣股生新枣头，如其处于该大枝的枝头前端2～3芽枝位置时，只要一剪即可萌生新枣头。如在其大枝的中后部则不是一剪能如愿萌发新枣头，需在该被剪的二次枝前0.5 cm处目伤，刺激一下才行。

53. 扇形有什么特点？

扇形由树干、主枝、结果基枝组成。要求是：树干高70 cm左右，全树一般留主枝8个左右，主枝着生于树干上，结果基枝着生于树干和其他主枝上。各主枝间距20 cm左右，主枝与树干的夹角60°左右，相邻两个主枝水平夹角180°左右，各主枝呈扇形与行间垂直。主枝长度视栽植密度而定。结果基枝的角度要大于同级次的主枝，长势要弱于同级次主枝，其长度视着生位置而定。

54．怎样对扇形进行整形修剪？

枣定植成活后（以株行距 2 m×4 m 南北行栽植为例）第一年要加强肥水及病虫防治等综合管理，促使枣树旺盛生长，第二年剪时，当幼树高度超过 1.2 m 时可在萌芽前，在距地面 70 cm 左右处，在东或西方向选一生长旺盛的发育枝作为中心枝，然后在中心枝处将幼树向对面弯倒成斜下垂，成为第一主枝。选作中心枝头的发育枝呈直立状态，并在其基部着生的树干下部进行目伤，促进其旺盛生长，为来年培养第二主枝做准备。夏剪时对拉弯的主枝上萌生的发育枝进行摘心，培养成小结果基枝。枣花期在主枝基部进行环割，使其结果，缓和长势。如果当年树高不够 1.2 m，可等下年再行选择第一主枝。第三年剪，在萌芽前将选留的中心枝在其距第一主枝 20 cm 左右处，仍选一长势强的发育枝作为中心主枝，并将原中心枝头朝第一主枝相反方向弯倒成斜下状，成为第二主枝，对选留中心枝基部的树干目伤，促进选留的中心枝旺长。夏剪继续对主枝上的发育枝培养成结果基枝，在枣花期对第一、二主枝进行环割，使其结果，缓和长势，以后每年继续上年选留中心主枝和培养主枝，直至完成主枝的培养，最后一个主枝弯倒，不再选留中心枝，树高维持 2～2.5 m。此时夏剪要继续做好平衡树势，使全树均衡生长，当枣花开 40％左右时可在树干基部开甲，使全树结果，进入结果期，完成整形工作。扇形整形要注意弯倒的主枝在基角固定后要抬高整个主枝角度以保持其生长势。

扇形另一整形方法：第二年剪时，当幼树高度超过 1.2 m 时，可在萌芽前，在距地面 70 cm 左右处，选一朝行间方向的二次枝，从基部剪除，并在其主芽上面进行目伤，刺激萌发旺盛枣头，作为中心主枝头并在此处将原树枝头向对面弯倒成第一主枝。其他要求同上，第三年剪继续重复第二年（见图 5-8）。

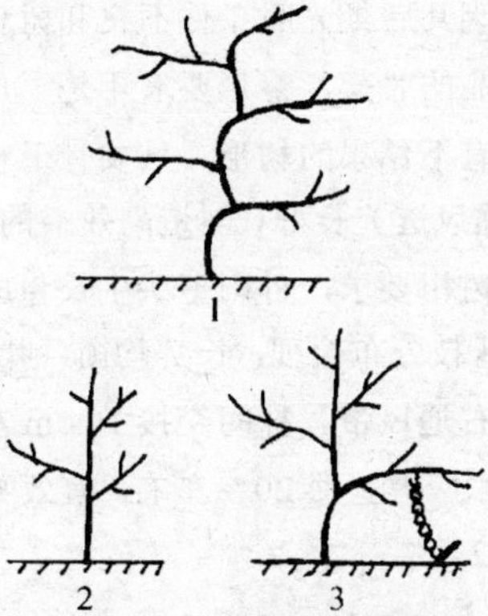

图 5-8　扇形树形示意图

1. 扇形树树形　2. 成活后第一年幼树　3. 拉枝培养第一主枝
（周正群. 枣高校无公害栽培技术. 2003）

55. 计划果园是怎么回事？怎样整形修剪？

计划果园的特点是先密后稀，尽早发挥枣的前期效益。计划果园由永久株和临时株组成。永久株可根据当地的习惯、栽植的密度选用上面介绍的几种树形进行整形，临时株可采用自由纺锤形或扇形整形方法，整形的第二年枣花开40%左右即在树干基部开甲，使全树结果，控制营养生长，当临时株影响永久株生长时，可回缩到不影响永久株生长的部位，为永久株生长让路，直至刨除，改造成规划栽植果园。

总之，上面介绍4种树形（开心形、延迟开心形、自由纺锤形、扇形）是目前枣栽培较为常见的树形，此外还有多种树形，均与介绍的树形相仿，如圆柱形类似于纺锤形，不同的是圆柱形的主枝小，适于栽植密度较高的果园；自然圆头形介于开心形和延迟开心形之间，因其后期光照条件不良和树体过大故也没有介绍。树形是负载果品的骨架，整形要求不是一成不变的，要因地因树灵活运用，没有不结果的树形，只要骨干枝与结果基枝搭配合理，长势均衡，通风透光良好，创造高效益的树形就是好树形。据调查，丰产树形树相要求，外围枣头生长量应保持在30 cm左右，各主枝、结果基枝分布合理，长势均衡，叶幕厚度1 m左右。行间距保持1 m左右通风带，株间交接10 cm左右，树冠投影，光点分布均匀，面积应占投影20%左右。有效枣股的年龄在8年左右，果吊比1∶1.2。

56. 密植枣树春季修剪的方法怎样？

密植枣树的树形主要有小冠疏层形、圆柱形。小冠疏层形干高80～90 cm，抑制主干上的二次枝，促发3～4个枣头，使最上面的枣头向上延伸，成为主干延枝，以下的2～3个枣头培养为主枝。第二年，主干枝留60 cm左右短截，除剪口下的2～3个二次枝，使形成两个二层主枝和一个主干延长枝。这样，一个中干、五个主枝的树形便基本形成。主干上的主枝，一般不短截，长到90 cm左右时，可进行摘心。主枝是结果的基本单位，结果后自然开张，维持7～8年后，结果部位外移，产量开始下降，应及时进行更新。即在干高1 m处进行回约定缩，并修剪主干上原有老枝，开始第二轮整形。

圆柱形这种树形可利用坐地苗或先定植砧木苗后再行嫁接。嫁接当年新梢生长量可达1～2 m，可不必进行修剪，第二年长达2 m以上时摘心定干，第三年便可结果。第五、六年，主干上的二次枝开始萌发枣头，选择着生位置、方向和长势适宜的枝条培养为主枝，多余枝梢在刚萌发时就及时抹去。这种树形可维持10年左右。更新后如继续采用圆柱形时，可在接近地面处重度回缩，发枝后选一健壮枣头进行培养；如拟改为小冠疏层形，可在距地面 1 m 左右处进行回缩，并剪去主干上原有枝条，开始第二轮整形。

57. 结果初期的枣树如何修剪？

这时期树冠尚未形成，仍以营养生长为主，但产量逐年增加。这时期修剪应以疏间、回缩、短截和培养为主，按照“四留五不留”原则进行修剪。“四留”即外围的枣头要留，骨干枝上的枣头要留，健壮充实有发展前途的枣头要留，具有大量二次枝和枣股、结果能力强的枣头要留，以达到不断扩大树冠，逐年增加产量的目的。“五不留”指下垂枝和衰弱枝不留，细弱的斜生枝和重叠枝不留，病虫枝和枯死枝不留，位置不当和不充实的徒长枝不留，轮生枝、交叉枝、并生枝及徒长枝不留。短截3年生以上不作主枝延长枝的枣头和不再继续延长的主枝枣头。对光秃的骨干枝，要逐渐进行回缩更新。

58. 盛果期的枣树如何修剪？

盛果期枣树长势缓和，萌生枣头较弱，容易开花坐果，产量达到高峰。枣的结果盛期可达 50 年左右。盛果期的主要任务是调节营养生长和生殖生长的关系，要维持丰产树形的骨架，保持树冠完整，防止外部枝条下垂、避免内膛枝条枯死、控制背上枝冒条以免形成树上树，局部更新结果枝组。

① 疏、缩、放相结合，保持树势。

② 逐渐更新结果枝组。

③ 改善内膛光照。

④ 尽量延长盛果期。

59. 衰老期的枣树如何更新？

枣园管理水平决定着枣树衰老的年限，管理水平高的果园进入衰老期的时间就长，反之则短，不能以结果年限硬性划定，而应根据结果情况而定。枣树衰老的标志是产量大幅度下降，外围枝头极度衰弱，各骨干枝、结果基枝已开始枯死，局部更新已无明显效果，此时，为恢复枣产量就应及时进行全树更新。衰老期枣树萌生枣头少，但在受到机械伤或更新修剪时，刺激隐芽或不定芽萌发，仍能萌发大量枣头。

枝组更新——小更新，刚到衰老期，截去老枝组，留下更新枝生长。重缩老枝组，促发新枝组。5～6 年一次，反复进行。

侧枝更新——大冠树，主枝不动或仅回缩主枝头，重缩侧枝，重新培养侧枝。

主枝更新——主枝距主干一定距离截去，重发主枝。又可分为 3 种：轻更新是主枝回缩 1/3 左右；中更新是主枝回缩 1/2 左右；重更新是主枝回缩 2/3 或更多。随主枝回缩侧枝也相应按同样比例回缩。

树干更新——大更新，在枣树完全衰老期，从树干健壮处锯去全冠，小枣在甲口下锯，重新发枝培养树冠。

根际更新——树干已腐烂了，于根颈锯去全树干，重新培养全树。更新的伤口注意涂保护剂。

60．枣密植丰产园的整形修剪技术如何把握？

枣矮化密植栽培，宜选择二次枝较多的粗壮枣苗建园。苗木栽植后，春季萌芽前定干为宜，定干高度 70～75 cm，将剪口下第 1 个二次枝剪除，促进中心干旺长，保持中心干的生长优势。以后，剪时不短截主干，仅疏除先端第 1 个二次枝，刺激主芽抽生为新的主干延长枝，其余二次枝选留方位，距离适宜的留 2～3 节短截，培养为大中型枝组，其他二次枝甩放不动作为临时性辅养枝，二次枝 5～6 节时摘心，增进加粗生长，促使摘心下的主芽发育充实。结果枝组 3～5 年在枝组基部 6～10 cm 处重截复壮，保持枝组健壮。注意，幼树整形期以夏剪为主，及时将各级枝组上芽发的无用幼芽抹除，以减少营养消耗，在生长季节将新生枣头顶芽或二次枝和枣吊先端摘除，控制加长生长。结果枝组修剪以短截回缩为主，一般可留 3～5 个二次枝，剪口下二次枝不疏除，控制其延伸长度，使其大量结果，果压枝头，缓和树势，控制树冠。幼旺树，每年开花但结果不多，由于营养生长旺盛，生长消耗大，营养积累少，生殖生长相对较弱，因此对幼树除加强土、肥、水管理外，还应采取主干环切和剪截顶芽、夏季摘心等修剪方法，控制生长，提高产量。在幼树整形时，如枣树抽枝不理想时，可于春季萌芽时，在需要抽生发育枝的部位，剪除二次枝，然后在芽上方 1 cm 处目伤刻芽，促生抽枝，效果很好。

六、枣园的土、肥、水管理

61. 为什么要对枣园进行土壤改良？内容主要有哪些？

立地条件较差的枣园不经土壤改良，一般不能适应枣生长的需要，土层薄，结构不良，有机质含量低是我国果树栽培中存在的共性。改良土壤理化性状，增加熟土层，使土壤中的水、肥、气、热同步，才有利于枣生长。枣在定植时虽然经过穴状整地，只是局部的，随着枣逐年生长，要继续进行土壤改良，扩大整地范围，为枣健壮生长创造良好的土壤环境，为无公害高效栽培奠定基础。土壤改良主要包括深翻熟化，加厚土层，培肥改土，盐碱地蓄水淋盐，酸性土壤施石灰中和土壤酸性等。

62. 土壤的深翻熟化有何优越性?

土壤深翻可以增加活土层的厚度，改善土壤蓄水保肥能力，改善土壤的通透性，促进土壤微生物的增长和活力，有利于土壤难溶性营养物质转化为可利用养分，提高土壤肥力。深翻结合施肥，使土壤的有机质、氮、磷、钾等营养物质含量有较大提高。土壤活土层增厚，促进根系垂直根和水平根的扩展，增加吸收面积，使地上树体健壮，果实优质。

63. 什么时期深翻熟化?

① 秋季深翻。一般在果实采收前后结合秋施基肥进行。此时地上部生长减缓，养分开始积累，根系正值秋季生长高峰，有利于伤根愈合和新根生长。

② 春季深翻。土壤解冻后进行。此时根系开始活动，地上部尚在休眠，也有利于伤根愈合。北方风大缺水地区不宜进行春季深翻，可改在春末夏初雨季来临之前进行深翻，使土壤接纳更多的降水，利于枣树生长。深翻深度，秋季深翻在60 cm左右，春季深翻为20 cm左右。

64. 深翻熟化方式有哪些?

① 深翻扩穴。树苗定植后，当根系扩展出原整地范围时，即向外逐年深翻扩穴，直至株行间全部翻完为止。

② 隔行深翻。即第一年自植树坑向外深翻南北行，第二年再深翻东西行，第三年再深翻南北行，直至行间与株间相通翻完为止。

③ 培肥改土。黏土地压沙土，沙土地压黏土，结合施有机肥和压绿肥，能增加土层厚度，改良土壤结构，提高肥力，有利根系生长。压土时间以秋末初为宜，可起保温防冻作用。压土厚度为5～10 cm，压土过厚会相对造成果树栽植过深，抑制根系呼吸，造成根颈腐烂，树势衰弱。所以在果园压土时要防止根颈压土。

65. 怎样对盐碱地进行土壤改良?

枣虽然对盐碱抗性较强，但降低土壤的含盐量，减少土壤碱性有利于枣生长，防止根系早衰和缺素症的出现。改良措施如下：

（1）设置灌排系统

改良盐碱地有效措施之一是引淡洗盐。在果园行间和周围挖深1 m，上口宽1.5 m，排水淋碱沟，排水沟与排水主渠相连，能使果园的水排到果园外。排水淋碱沟的密度应根据当地土壤盐碱程度确定，在能达到淋碱要求的前提下尽量减少占地。

（2）深耕施有机肥

有机肥在微生物作用下能分解有机酸，可以中和土壤中的碱，改良土壤理化性能，增加团粒结构，提高土壤肥力，有利枣生长，因此要每年秋季结合秋施基肥或雨季前进行。

（3）地膜覆盖

地面铺地膜、覆草、喷土面蒸发抑制剂，减少土壤的蒸发量，可以起到阻止盐碱上升的作用。

（4）营造防护林和种植绿肥作物

在盐碱地上发展枣更应注意营造防护林。防护林有降低风速，减少地面蒸发，降低地下水位，抑制土壤返碱的作用。种植绿肥除有抑制地面蒸发外，还能增加土壤有机质，改善土壤理化性状，中和土壤酸碱度，降低土壤盐碱含量。试验证明，连续几年种田菁的地块，20～30 cm土层中，土壤含盐量可由0.6%左右降到0.3%左右，结合淋盐，效果更好。笔者亲身经验，在种麦子出苗率能达80%以上的麦田，改种枣后，土壤随之返碱，分析其原因，种麦子时春天干旱大风季节，有小麦覆盖和吸收水分，土壤蒸发量小，且地下水位低，改种枣后，第一年实施株间覆膜，使行间的蒸发量加大，盐随水来，水去盐留，促进地面表土的盐碱化，通过覆草才有好转。

（5）中耕

中耕可以割断地面毛细管，减少土壤蒸发，阻止盐碱上升，另外也可以使用石膏、土壤结构改良剂等化学制剂，均有改善土壤结构，改善土壤理化性状，降低土壤盐碱程度的作用。

66. 什么时候给枣施肥？

果树施肥时期取决于果树生长发育需肥规律、土壤中养分供给程度和肥料本身的特性。枣开花与枣吊生长，坐果与枣头生长同时进行，只有及时补肥才能协调生长与结果的矛盾，提高坐果率，保证枣产量。如果施用速效性的尿素或磷酸二铵，可在花前或幼果膨大前施肥，如果施用迟效性的有机肥，就要在前一年的秋季施肥。据李克会试验，相同的有机肥和施肥方法，9 月中旬至 10 月上旬使用比翌年 3 月上旬至 4 月中旬使用增产幅度高 55%。另据中国农业大学园艺系报道，同量硫酸铵秋施较春施开花百分率高，干径增长量大，一年生枝含氮率也高。根据枣的生长特性，其施肥时期一般为秋施基肥，萌芽前、开花前、果实膨大期追肥。

67. 枣秋施基肥的要点是什么？

基肥要以有机肥为主，能较长时期供给果树多种营养元素的基础肥料。能改善土壤中水、肥、气、热状况，有利微生物活动，加速有机物分解，有利根系吸收利用，能促进树体的营养积累与贮存，保证翌年果树前期生长的需要。根据当地肥源，如鸡粪、牛粪、羊粪、猪粪、圈肥、厩肥、绿肥、作物秸秆、杂草等均可施用。施用粪肥一定要经过高温发酵，以消灭病虫，提高粪肥应用效果。秋施基肥时间以不影响枣生长越早越好，可在枣采果前后进行。施肥方法可结合秋季深翻在树冠外围环状沟施，沟深40～60 cm，沟宽40 cm左右，将有机肥与表土拌匀填在沟底，上面再覆土。如劳力不足环状沟施可第一年在南北向沟施，第二年在东西向沟施，两年一圈，逐年外扩。

在两株间接通后再改为放射状沟施，方法是以树干为中心，距树干 30 cm 左右，向四周挑放射状沟 4 条，沟深由浅入深，最外深度为 60 cm 左右。第二年在第一年施肥沟一侧继续挖沟施肥。

在放射沟相互连通后，再采用地面撒施，把有机肥撒于地面，然后深翻 20 cm 左右，将有机肥翻入土内，可连续使用 1～2 年再采用环状沟施。上述 3 种方法交替使用，达到深翻和施肥的共同目的，土壤的理化性能和肥力都得到提高，使根系各个部分均衡生长发育。施肥挖沟时应注意保护根系，避免伤害直径 0.5 cm 以上的粗根，粗根分生能力不如细根、毛根，过多伤粗根对根系生长扩展不利。施肥量要根据果品产量和树势而定，产量高、树势弱可适当多施，产量低、树势强要适当少施。在一般的情况下，要求每生产 100 kg 鲜枣施有机肥 100～200 kg，为迅速发挥肥效，充分利用枣树后期营养贮存的有利时机，可在有机肥中加速效氮肥，施入土壤内。为提高土壤中有效元素的供给能力，减少化学合成肥料的使用，减少对环境的污染，提倡在施基肥时掺入生物菌肥，使用量可根据果园具体情况而定。

68. 基肥的使用量如何确定?

根据各地丰产树的施肥经验，基肥的施用量占全年枣树需肥量的 80%以上，按理论上的统计要求，一般每生产 1 kg 鲜枣要施用 2 kg 的有机肥，一般生长结果树亩施有机肥 3 000 kg，掺入尿素 35 kg，过磷酸钙 100 kg，盛果期树亩施有机肥 5 000 kg，掺入尿素 50 kg，过磷酸钙 250 kg；幼树依地力可适量减少。

69. 基肥的施用方法主要有哪些？各有何特点？

基肥施用的主要方法有环状沟施法、放射状沟施法、条状沟施法、穴施法和全园或树盘内撒施法。

（1）环状沟施法

方法是在树冠外围绕树干挖一深宽各 50 cm 左右的环状沟，把表土和有机肥混合后填入沟内，然后把沟填平。此法适用生长结果树。随着施肥沟的外移，树冠不断扩大，根系也快速向外伸展。

（2）放射状沟施法

即在距树干 50 cm 以外的地方，沿树干向外挖深宽各 50 cm 的沟至树冠外围，沟的数量为 4～6 条，近树干处宜浅，远树干处宜深，然后把混合好的基肥填入沟内，后封土整平。此法伤根少，肥料与土壤接触面积大，宜在成龄枣园使用。

（3）条状沟施法

方法是在行间树冠外围挖深宽各 50 cm 沟，沟长贯穿全行。均匀填入基肥，填平整实。为了使施肥合理，每年在行间和株间轮换开沟施肥。此法便于机械开沟，省工省力。

（4）穴状施肥法

即在树冠外围均匀挖直径 40～50 cm 的圆坑 6～8 个，施肥后填平。

（5）全园或树盘内撒肥

方法是把基肥均匀撒到全园或树盘内，然后深翻土壤 30～

40 cm，使土壤和肥料充分接触。此法适应于封行的密植枣园和枣粮间作园。

70. 怎样进行萌芽前的追肥？

在枣萌芽前进行，目的是保证萌芽时期所需养分，促进枣头、二次枝、枣吊、叶片生长和花芽形成。据笔者调查，萌芽前追肥与不追肥的枣树比较，枣吊长度前者较后者平均多 3～4 节，形成花蕾也好于后者。施肥方法是在树冠投影下近外围挖 10 个穴，穴深 10～15 cm，将化肥与适量表土拌匀撒入穴内，覆土。此次追肥以氮肥为主。施肥量根据每 100 kg 鲜枣需要纯氮 2 kg、磷 1.2 kg、钾 1.6 kg，减去施用基肥的含量即为全年补充化肥施用量。此次追施氮肥量要占全年补充氮肥量的一半以上。

71. 怎样进行花前追肥？

枣树花芽分化、开花、坐果几个时期重叠，花期长，需要养分多且较集中，如此期养分不足将影响花芽质量和坐果率，直接影响果实的产量和质量。因此，花前追肥非常重要。此次追肥要以磷肥为主，钾肥次之，辅以适量氮肥，磷肥施用量要占全年应补量的 2/3 左右，钾肥占全年应补量的 1/3 左右，氮肥占全年应补量的 1/4 左右，施肥方法同前。

72. 果实膨大期如何追肥？

果实膨大期是枣树全年中需肥的主要时期，养分不足导致落果且果实品质下降。此期追肥应以钾肥为主，磷肥次之，氮肥适当补充。钾肥施用量要占全年的 2/3 左右，磷肥占全年的 1/3 左右，根据树的长势，如没有缺氮表现可不施氮肥（枣头长势旺，叶片深绿色)。据试验，在膨大期，7 年生树追施生物钾肥 80 g，可使枣吊增长 4 cm，单果重增加 5～7 g，含糖量提高 8%，叶片大而肥厚深绿，晚落叶 5～7 d。

73．怎样进行根外追肥？

根外追肥是指叶面喷肥。叶面喷肥是一种吸收快，发挥肥效快且省肥料的追肥方法。根据试验，叶片喷尿素液 3 d 内即能使叶片变绿，7～8 月份可以结合喷药喷 0.3 %～0.5 %的尿素液 2～3 次。8 月份以后可以喷 0.3%～0.4%磷酸二氢钾 3～4 次。也可以喷施复合微肥，以补充其他元素的不足。

在枣摘果后及时喷 0.5 %的尿素液，促进叶片后期光合作用，延迟落叶期，有利养分积累储存。根外追肥作为施基肥和追肥的补充手段，保证枣树在整个生育期养分供应不断线，十分重要，应推广使用，但决不能代替秋施基肥、萌芽前、花前、果实膨大期的追肥，要几种施肥方法配合使用，才能发挥整体的施肥效果。

74．如何使用微肥？

在保证以有机肥为主的施肥管理前提下，一般土壤不会发生微量元素缺少的缺素症。盐碱地里的铁；锌、硼等元素易被固定，不易被根系吸收而发生缺素症，可通过增施铁、锌、硼等微肥予以补充。有缺铁、缺锌症状的果园，可在秋施基肥时加入适量的硫酸亚铁、硫酸锌，与有机肥拌匀施入土内，也可在萌芽期及生长季节里喷施含有铁、锌等元素的络合微肥，还可在发芽前后，通过树干压力注药的方法，补充微肥。缺硼可在枣花期和幼果期喷 0.3%的硼砂液 2～3 次即可。

75. 水分管理的必要性是什么?

水是一切生物赖以生存的必要条件，是一切生命活动不可缺少的物质，是细胞的主要组成部分。如树干含水量在50%左右，果实的含水量在30%～90%不等。树木的光合作用、蒸腾、代谢、物质运输均离不开水的参与。水能调节树温免受强烈阳光照射的为害，调节环境，有利果树生长，正确灌水是果树生育所必需的措施，不合理的灌水则使土壤侵蚀，土壤结构恶化，营养物质流失，土壤盐渍化等，影响果树生长。生产无公害果品对灌溉水质有严格要求，水中的有害重金属离子不能超过国家标准，如 pH 应在 5.5～8.5，汞的含量要小于等于 0.001 mg/L。水虽然是果树生命活动不可缺少的物质，但水过多也不行。水过量果树吸收不了，可造成土壤孔隙度减小而缺氧，使根系窒息死亡，甚至全树死亡。因此，在降水过量时必须排水，加强土壤管理，为根系创造一个适生环境。

76. 如何确定枣的灌水时间?

灌水时间的确定是以果树生育期的需水而定。超过果树需水临界期将影响果树生长。

（1）萌芽前灌水

此期正值萌芽期，枣头生长、枣吊的形成、花芽分化都需要土壤有适宜的水分供应，水分不足将影响枣树的生长。北方地区正是干旱少雨季节，适时浇水十分必要。萌芽前灌水可结合萌芽前追肥进行，施完肥马上浇水即可。

（2）花前灌水

枣开花与枣头、枣吊、叶片同时生长，是需水需肥的关键时期，花期土壤湿度过小，造成焦花，落花，授粉受精不良。为保证枣开花、授粉、坐果的需要，要灌好花前水，与花前追肥相结合，施肥后立即浇水。

（3）果实膨大期灌水

果实膨大期从幼果膨大到果实速长需要大量水分才能保证果实正常生长的需要。此时正值雨季，应根据土壤含水量多少决定是否需要灌水，如降雨适量，土壤含水量适中就可以不灌水，如长时间不降雨，土壤含水量低于田间持水量的60%以下时，就要及时灌水，此次灌水也应与追肥相结合。

（4）封冻水

秋施基肥后灌一次封冻水对果树后期的营养积累、果树安全越冬及翌年春天根系生长十分有利，要结合施基肥进行灌水，如果秋季降水较多，土壤墒情好可以不浇封冻水，注意进行适时浅耕耙磨，搞好土壤保墒。

77. 什么样的灌水方式较好？

目前多数果园仍采用树盘大水漫灌的方法，此灌水方法不利果树生长。大水漫灌前期土壤泥泞，土壤结构被破坏，孔隙度降低，土壤中的空气大量被水挤跑，不利于生物活动，不利于根系的呼吸与生长。中期随着土壤水分减少，土壤结构得到恢复，适宜根系的呼吸与生长，后期土壤干旱又不利于根系对养分的吸收与生长。因此，大水漫灌的水利用率低，而且浪费，对水资源缺乏的北方地区来说，今后不应继续采用大水漫灌的方式进行灌溉，而要采用先进的滴灌、渗灌、喷灌等灌水技术。

78. 滴灌的特点是什么？怎样滴灌？

滴灌是近年发展起来的机械化与自动化的先进灌溉技术，通过主管道、支管道、毛管然后到达树盘，由滴头以滴水的形式缓慢地滴入根系周围，以浸润的方式补充土壤水分。滴灌节约用水，是普通灌水量的 1/4。节约劳力，能与追肥结合起来进行。滴灌能经常稳定地对根际土壤供水，均匀地保持土壤湿润，土壤通气良好，利于根系生长和吸收，促进果品产量和质量的提高。据华北农业机械化学院滴灌组实验调查，滴灌根群支根多，一个根群支根多达 93 条，须根长达 70 cm，而畦灌根群支根少，最多的才 10 条，且须根短仅 37 cm，果品产量和单果重滴灌比畦灌高一倍。不足之处是滴灌不便地下管理，如深翻施肥，设备投资大，滴头容易堵塞。滴灌的时间、次数及用水量，因气候、土壤、树龄而异，以达到根系浸润的目的，成年树每株每天约需 120 多 dm^3 水，每株树下安装 3 个滴头，以每小时每滴头灌水 3.8 dm^3 计算，则每天需滴灌 12 h。

79. 渗灌的特点是什么？怎样渗灌？

渗灌也称微灌，是在滴灌的基础上发展起来的一种灌水技术。渗灌是在树盘安装渗水装置，水流较滴灌大，每小时出水 60～80 dm^3，解决了滴灌滴头堵塞的弊病，优于滴灌和喷灌。

80. 喷灌的特点是什么？怎样喷灌？

喷灌是通过机械压力，经过管道与喷头将水喷洒在果园内，优点是节水、省工，可与喷药、叶面喷肥相结合，土地不平的果园也适用，能调节果园的小气候，提高果园湿度，有利枣花期坐果。缺点是投资大；喷灌受风的制约，一般四级风就影响喷灌效果；由于果园湿度大，易诱发病害。

81. 如何沟灌？

由于滴灌、渗灌、喷灌投资大，我国大部分果园暂时难以实施，可采用沟灌。沟灌可在树冠外围挖灌水沟，沟宽 30 cm 左右，深以不伤粗根为宜，灌水后沟内覆草，上面再覆土防止水分蒸发，此法较漫灌节水。

82. 穴灌有啥优点？怎样穴灌？

穴灌是在克服漫灌缺点的基础上发展起来的灌溉技术。在树冠投影的外缘挖 8～12 个穴，将水灌入穴中，然后覆草盖土，防止水分蒸发，穴深以不伤粗根为宜，直径 30 cm 左右，在水源缺乏地区可推广应用。

83. 如何用贮水穴灌水？

在树冠外围四角挖深 50 cm，直径 40 cm 的坑，坑内添满秸秆或草把，建成贮水穴，灌水后上面用地膜覆盖，中间留一孔用石块、土块压好，周围用土压实，再灌水时从孔中将水灌入，贮水穴灌水技术能利用填充物良好的持水能力，长期稳定地向根系供应水分，不破坏土壤结构，有利根系生长，节约用水，并能与追肥结合进行，追肥时将化肥撒入穴内，浇水时随水渗入土壤内，目前不少果园应用效果很好，节约投资应以推广。

84. 怎样对枣园排水？

果园积水，土壤结构遭到破坏，果树根系的呼吸受到抑制，易造成烂根，影响根系吸收功能。另外土壤通气不良，影响土壤中微生物活动，降低土壤肥力，还能产生与根系有害的物质，如甲烷、硫化氢、一氧化碳等，严重影响果树根系和地上部分的生长发育，并影响果品的质量。因此，要及时排水。

枣系耐涝较强的树种，为充分利用降雨蓄水，树盘内存水1～2 d 可以不排，否则就要排除多余水分。排水最好通过排水沟渗水排水，地面水较多时可挖沟将水排走，但树盘内的水一定要通过渗水排走，特别是盐碱地更需蓄水压碱。有条件的果园，可在果园周围建蓄水坑塘，蓄存排水，供果园需要灌水时应用。

85. 旱地果园水分如何综合利用?

我国人均耕地少，在世界人均耕地1/5的耕地上，养活世界1/4 的人口，粮食生产是我国农业的永恒主题，稳定粮食生产是社会稳定、国家富强的保证，发展果园不可能大量占用耕地，上山下滩是我国发展果树的指导思想，这就决定了我们大部分果园的立地条件差、缺少水资源，故旱地果园水分综合利用是生产上需要解决的课题。

（1）增加土壤库容

稳定供应果树生产需水，是实现枣丰产的关键。土壤中的团粒结构好，蓄水能力就强，一个团粒就是一个小水库。土壤中的团粒结构与土壤的有机质含量呈正相关，增施有机肥就可以增加土壤的团粒结构。因此，每年通过深翻增施有机肥，改善土壤结构，增加土壤的水容量。据北京林业大学王斌瑞试验，每一植树穴中施入厩肥10 kg，可以使土壤团里含量提高9%～29%，春季的土壤含水量提高15.6%～28.9%。

高分子化合物的抗旱保水剂相继问世，目前已用于生产的保水剂一般能蓄存水的重量是本身自重的300倍，结合深翻施有机肥每株成龄树施100 g的保水剂，就可增加土壤蓄水30 kg左右。

（2）扩大集水面积增加蓄水量

旱地果园植株密度要小，以增加集水面积。以株行距3 m×5 m为例，每株树的集水面积可达15 m^2，树冠的投影面积3 m^2，这样就可以微到积小雨为中雨，满足果树生长需要，为此要扩大树盘，地面向树干侧斜，树冠投影以外的地面要拍实，喷YJG-1防渗剂以增加表面径流，增加集水。

（3）精细修剪，减少水分消耗

对果树地上部分要做好、夏修剪，疏除无效枝叶，减少营养和水分消耗，发挥最大的增产作用。

（4）抑制叶片表面蒸发，减少水分消耗

春季萌芽后到雨季前可喷2次高脂膜，既能保护叶片减轻病虫危害，又能抑制叶片表面水分蒸发，减少土壤水分的消耗。笔者试验，喷100倍羧甲基纤维素与不喷的对照，可减少水分蒸发16%。

（5）雨季深翻，增加土壤蓄水

无灌溉条件的旱地果园春季深翻可推迟到雨季前进行，以增加土壤蓄水能力，充分拦蓄雨季降雨。

（6）春季追肥，覆膜保水

春季土壤解冻前，地表层集聚了土壤上升水气，其含水量相当于一次浇水量，要抓住此时土壤含水量高的有利时间，进行春季追肥。在土壤表层已解冻10 cm左右时，可将萌芽前和花前两次追肥合并一次挑沟施到土壤里，然后覆土覆地膜，保持土壤水分。

（7）秋施基肥提前

无蓄水条件，秋施基肥又不能灌水的果园，可将施基肥时间提前到8月下旬雨季结束前施基肥，利用后期降雨，使土壤与根系接触，发挥肥效。应注意不能过多伤根，以免引起落果。

（8）果园覆草

旱地果园覆草是提高土壤蓄水能力，减少土壤水土流失和地面水分蒸发的有效措施。可以用麦秸、铡碎的秸秆、当地的杂草等，覆草厚度在 15～20 cm，为防止失火可在雨季进行，上面压土，待草腐烂后翻入土内，再覆新草。覆草有引树根上浮的弊病，可通过每年深翻施肥，引根向下，并注意草内病虫的防治，消灭在草内越冬害虫和病菌。

（9）果园种植绿肥作物

旱地果园种植绿肥作物并就地翻压，是增加土壤有机质含量，提高蓄水抗旱能力的良策。可实行春季覆盖地膜，雨季来临前播种，可以解决绿肥作物与果树争水的矛盾。一年生绿肥作物可选择绿豆或田菁，于雨季来临前播种，待下雨后即可出苗，较雨后播种出苗早，鲜体产量高。为提高产量，在绿肥作物的生育期内，结合降雨追施氮肥和磷、钾肥，在绿豆或田菁开花时就地翻压。还要注意防止苗期禾本科杂草滋生而影响绿肥作物生长。

（10）采用贮水穴

采用前面介绍的贮水穴技术，能有效地提高土壤蓄水，为果树根系生长提供条件。

（11）创造条件拦蓄降雨

为拦蓄自然降水，截留地面径流和果园排水，山区果园可在山顶建筑蓄水池或窖，山下筑坝建蓄水塘；平原果园可充分利用果园周围的废弃窑地、低洼坑地，修建蓄水坑塘，拦蓄降水，创造条件变旱地果园为水浇果园，哪怕春季能为果树浇上一水，对提高果树产量和品质大有益处。为防止蓄水渗漏，有条件的果园可用石块水泥建造，无条件的可在坑底及周围铺塑料膜，上面再覆土，可有效防止水分渗漏。

总之，通过上述技术措施的综合运用，可以最大限度的利用自然降水，基本满足果树整个生育期对水分的需要。旱地果园水分的综合利用技术适宜年降水量400～500 mm的地区，无降水技术无效。年降水量低于300 mm且无浇水条件的地方不宜建园，故建园选址时应注意。

86．枣树落叶后如何管理？

枣树落叶后到发芽前的技术管理，是枣树一年中的基础管理。这一时期管理好坏，对来年枣树生长、结果影响很大，有些管理措施是其他时期所不能代替的。为使枣树高产，应抓好以下4个管护要点。

（1）增施肥水，提高树体营养水平

枣树在一年的生长、结果中消耗了大量的养分，需及时补充，果实采收后施基肥就是补充养分的主要措施。施基肥最好是秋施，也可冬施。即在枣树落叶后、土壤封冻前施。此时如果没有施肥，初春发芽前也应补施。

施肥方法有撒施和沟施两种。撒施是把圈肥均匀撒于树冠下，然后翻入土中。沟施分为放射状沟施和井形沟施。幼树应采用放射状沟施。

施肥量应根据产量多少而定。株产鲜枣10～25 kg的大树，施圈肥75～100 kg，另加过磷酸钙1.5～2 kg。若春施基肥，可掺入部分氮素化肥。施肥后应及时浇水，灌水量以浇透水为准。

（2）翻刨栽植带，改善枣树立地条件

翻刨枣树栽植带不仅能疏松土壤、拦蓄雨雪，还可消灭树下越害虫。春各翻刨1次，翻刨深度10～20 cm。

（3）合理修剪，调整树冠

枣树喜光，树膛内枝条密集易造成结果少、质量差，因此，应通过剪枝来调整树冠。修剪时应做到以下几点：

① 剪除无结果能力或结果能力很低的枝条，疏除交叉枝、稠密枝、重叠枝和细弱枝，以利通风透光。对徒长枝可视其空间大小决定剪留长度，对空间大、有培养前途的多年生徒长枝，可培养成骨干枝。

② 死枝、病虫枝全部锯除。锯口应尽量锯到好枝处，锯口应削平，并涂调和漆，以免继续干裂腐烂。

③ 对骨干枝上抽生的1～2年生发育枝，可根据空间大小剪截，留4～6个二次枝，培养成健壮的结果枝组。

④ 对衰老枝应进行更新复壮。衰老的骨干枝应回缩1/3～1/2，回缩部位剪口的直径不应超过5 cm，剪口下需留出向上的休眠芽或结果母枝；衰老的结果枝组应全面回缩疏截，较完整的枝组可缩剪1/2～1/3，促发新枝。

⑤ 对衰老程度严重的树，应停甲（停止开花结果）养树。在停甲期间，应配合更新修枝，增施肥水管理措施，加快树势恢复。

（4）消灭虫害

① 刮除老枣树皮。在封冻前将干裂树皮刮除干净，集中烧掉或深埋，消灭越虫源。

② 彻底刷除龟蜡蚧。枣树龟蜡蚧（俗称树虱子），以受精雌虫在1～2年生枝条上越冬，所以应抓准冬季有利时机，逐枝刷除。

③ 春翻刨树盘时，注意拣拾树下土中的越冬虫蛹、虫茧并销毁。

七、枣的花果管理

87. 枣坐果率低的原因是什么？

枣树开花量大，落花落果重。坐果率仅为自然开花总数的0.30%～1.10%。在生产中如何提高枣树坐果率，是广大枣农高效生产的关键。枣树的开花方式和其他果树不一样，它的花芽是当年形成当年分化、且连续分化，分化量大，枝条生长、花芽分化、开花坐果及幼果发育同时进行，物候期严重重叠，营养、水分、激素消耗多，各器官对养分的竞争剧烈，这些是造成枣树坐果率低的主要原因。其次，不良的气候条件也是造成枣树坐果率低的原因之一。枣树花朵授粉受精最适宜的温湿度是气温24～26℃，相对湿度75%～85%，花期如遇干旱、低温、多风、连阴雨等不良天气，就不利于枣树的授粉受精。所以加强管理，给枣树提供一个良好的开花坐果条件，就成了提高枣树坐果率的重要措施。影响枣树坐果率的原因有：

（1）花期气象因素

枣树花芽当年形成，当年分化，随生长随分化，分化量大，分化时间长。始花期从6月上旬开始，到6月下旬结束，此期如果温度高于25℃，湿度小于30%，花粉发芽不良，易引起焦花，损害枣花的授粉与受精，降低坐果率。

（2）树体营养弱

枣树的枝叶生长，开花及幼果发育同步进行，营养消耗多，养分竞争激烈，如果营养跟不上，影响树体生长和坐果率。

（3）激素

枣树落花落果是由于花柄果柄形成离层所致，而离层形成与内源激素有关，当内源激素亏缺，易引起大量落花落果。

（4）品种授粉不良

枣树大多数品种可自花授粉结实，但有些品种花粉发育不良，如无授粉树或授粉树配置不合理，则受精不完全，造成胚败育而落花落果。

（5）开甲不合理

开甲是提高枣坐果率的有效途径。由于枣农对开甲技术掌握不好，开甲时间有时过早或过晚，甲口宽度过宽，甲后管理跟不上，而造成树势衰弱。

（6）病虫危害

焦叶病、枣锈病的大量发生，引起早期落叶，影响养分的制造与积累。缩果病和枣黏虫、桃小食心虫则危害果实造成果实脱落。枣树落花落果极为严重，第一次集中在盛花期14 d左右，第二次在盛花末期10 d左右。落花落果严重影响产量的提高，其主要原因是：枣树生长期短、根系活动较晚、开花量大而花期长，营养生长与生殖生长同时进行，养分分配不平衡。若花期一旦出现冷气流、干热风、久旱不雨或阴雨连绵等不利天气，落花落果更为严重。因此，如何提高坐果率是当前生产上的重要问题。枣树坐果需要三个条件为良好的营养条件、授粉受精、适于开花坐果的环境条件，三者缺一不可。

88. 增加枣树坐果的措施有哪些？

对于树势衰弱的枣树，可通过疏、缩等修剪方法，培养结实力强的结果枝组。主要疏除树上轮手、交叉、重叠的骨干枝及病虫、并生和密挤小枝。要改冬季修剪为夏季修剪。通过对枣头、二次枝的摘心，可减少养分消耗，缓和新梢和花果之间争夺养分的矛盾，增强树势，到长树结果两不误，提高坐果率的目的。从6月中旬开始，对非骨干枝上着生的枣头，长出4～5个二次枝时及时摘心，二次枝长到25～30 cm时摘心。在枣头生长较快时，摘心越早，对促进二次枝生长和提高坐果率的效果越明显，另外，在生长季节要及时除萌，抹掉无用芽，消除无用枝，打开层次，疏通光路，改善冠内通透条件。对衰老骨干枝缩端部分，抬高枝条角度，增强生长势。对已残缺而结果枝很少的枝组，短截1/2或1/3，集中营养，促发新枝。对枝短截，然后复壮二次枝，培养中小型枝组。对10年以上的结果枝组进行轮替更新，提高结实能力。对栽植过密的枣园，采用隔株去株的办法，改善光照。

（2）加强地下管理。复壮树势，提高树体营养水平，关键是加强地下管理，秋施农家肥，增加树体的贮藏营养。在枣果实成熟后落叶前每株施有机肥（厩肥、人粪尿等）70～100 kg，磷、钾肥1～1.5 kg；在发芽、开花、果实膨大期各施一次复合肥或氮肥1～5 kg。施后浇水。无灌溉条件的应雨后施肥。另外，枣树根系比较发达，喜深厚而疏松的土壤，因此，山坡丘陵枣园要进行深翻改土，加厚土层。酸枣接大枣的树更应如此。

（3）花期“三喷”。在盛花初期进行喷水、喷肥、喷激素和微量元素是一项投资小、增产效果显著的丰产技术措施。在盛花期，即60%的花开放时，选择晴朗无风的上午10时前或傍晚，向枣花均匀喷洒清水，每隔2～3 d进行一次，连喷2～3次，可增产15%以上。由于枣树的物候期重叠，花期进行叶面喷肥，可及时补充树体急需的养分，提高坐果率，在枣花40%开放时喷

0.5%尿素和 0.4%磷酸二氢钾，每隔 5～7 d 喷一次，一般连喷 3 次。可提高坐果率 22.6%。7 月中旬再喷一次，可减少生理落果。

花期喷激素和微量元素，除能促进花粉发芽外，还能刺激未授粉的枣花结果。盛花初期 30%花开放时开始喷洒（15～20 mg/L 赤霉素或 15 mg/L 硼酸），每隔 3～5 d 进行一次，一般进行 2～3 次。如喷后遇雨应及时补喷。

89. 枣花期管理有哪些内容?

枣的花芽分化自枣树萌芽已开始，随着枣吊的生长逐渐现蕾，后期是花芽分化、现蕾、开花、授粉、坐果同时进行，突出表现为树体各器官营养竞争激烈，致使营养不足坐果率很低，自然坐果率不到 1%。因此，花期的一切管理措施都是围绕提高树体营养水平进行，花期管理除了前面讲的要进行追肥浇水外，枣头、二次枝、枣吊摘心，适时开甲、喷植物生长调节剂、喷微肥、喷清水等对提高坐果率均有较好的效果。

90. 枣花期是否可以喷洒农药?

有不少农民朋友询问花期是否能喷杀虫杀菌的农药。笔者认为，枣是典型的虫媒花，异花授粉坐果率高，喷药必然影响昆虫授粉，特别是对蜜蜂的伤害很大，有些药剂浓度较高，对花粉也有杀伤作用。因此，在一般情况下花期是不提倡喷农药的，如果花期有害虫发生，影响到枣果产量，在这种情况下可以考虑喷药。喷药前应通知放蜂主人，采取预防蜜蜂中毒措施。药剂采用水剂和乳油剂型，尽量不用粉剂或胶悬剂的农药，以免影响枣花的授粉。

91. 枣花期喷清水有什么好处?

枣花期空气湿度达到60%以上时花粉发芽正常，枣花蜜盘分泌蜜汁多，有利于吸引蜜蜂等昆虫授粉和坐果，我国北方枣区，春季降水少，花期常遇干旱天气，特别是干热风，影响枣树的授粉受精，造成严重减产，并易产生焦花现象（即花朵干枯）。笔者调查，干旱年份枣焦花达 20%～40%。花期喷水可以提高空气湿度，减少焦花，有利于花粉发芽和授粉，提高坐果率。

喷水时期应在初花期到盛花期，一天之中的喷水时间以傍晚最好，因傍晚温度下降，蒸发量低，喷水后空气湿度保持时间长，特别是枣开花散粉时间一般在上午，为其授粉提供了良好的小气候。喷水次数视天气而定，干旱年份应多喷几次，反之可减少喷水次数，一般喷水 3～4 次为宜。喷水范围越大，效果越好，故提倡大面积喷水。

92. 枣保花保果的综合技术措施有哪些?

（1）摘心

新梢摘心 5 月中旬至 6 月下旬对不做骨干枝的当年新生枣头一次枝、二次枝要及时摘心，控制发育枝生长，减少营养消耗，提高坐果率。一般成龄树新枣头生长到 3～6 个二次枝时摘顶心，二次枝随生长随摘心，枣头基部的 3～4 个二次枝长到 7～8 节时摘心，上部 1～3 个二次枝长到 5～7 节时摘心。摘心程度依枣头长势和所处的空间大小而定，一般弱枝重摘心，壮枝轻摘心，空间大时轻摘心，空间小时重摘心。此期除摘心外，还应对刚萌发没有利用价值的枣头及早从基部抹除，疏除内膛过密的多年生枝，以节约养分，利于通风透光。

（2）人工授粉

即人工收集枣花花粉再喷洒到枣树的花朵上的一种辅助授粉措施。其方法是在枣园放蜂的蜂箱上，蜜蜂进出口处放置采粉器，下面铺上报纸，当蜜蜂采花蜜返回蜂箱时，挡掉蜜蜂所携带的花粉粒，够一定量时收集起来，放在阴凉干燥的地方晾干。使用时按每10 g花粉兑10 kg水、5 g硼砂、5 g白糖的比例配制成混合液（随配随用），在枣树的盛花期，用喷雾器均匀喷洒到枣树的花朵上。

（3）枣园放蜂

枣花是虫媒花，在枣树的开花期实施枣园放蜂，除了可收到大量的蜂蜜外，对提高枣树的坐果率有很大帮助，是一项一举两得的措施。方法是：在枣树开花前 2～3 d，按每 10 亩园放置一箱蜜蜂（约 8 000 只）的标准，将蜂箱放入园的中心地带。待枣树开花后，由蜜蜂自行授粉。据周正群调查，枣园花期放蜂可提高坐果率 180%～300%，而且距离蜂箱越近效果越好。另外，为保证良好的授粉受精效果，保护蜂群，在放蜂期间禁止喷药。

（4）花期喷激素和微肥

赤霉素（920）、萘乙酸等植物激素是植物在生长发育过程中必不可少的调节物质，对枣树而言，花期喷洒一定浓度的植物激素可以刺激花粉萌发，诱导花粉管伸长，提高坐果率。硼、锌、锰等微量元素也是枣树生长发育必不可少的，它们促进营养生长向生殖生长转化，加快花朵的形成及发育。因此，花期喷施微量元素也可有效提高坐果率。另外，花期喷施含有锌、钼、硼、锰等多种微量元素的稀土对提高枣树坐果率也有明显作用。赤霉素、萘乙酸等植物激素属于低毒的植物生长调节剂，是枣树无公害栽培中允许使用的。

① 施用方法：先把激素用酒精溶解后，按一定比例兑入水中，配成水溶液，均匀喷洒在枣树叶片和花朵上，以树叶滴水为宜。微量元素可直接兑水喷洒，根据树体坐果情况可连续喷洒1～3次。

② 注意事项：赤霉素、萘乙酸等是植物生长调节剂，对植物生长发育同时起着促进和抑制的作用，所以选择使用浓度非常重要。在使用时要根据各地的气候条件、枣树生长发育状况等实际情况而定，最好在使用前先做小片实验，再推广。喷洒应在晴朗无风天的10～16时进行。

（5）花期灌溉和喷水

枣树开花坐果期，正值北方的春旱期，这时土壤含水量只有12%左右，空气湿度只有60%左右，而枣树开花坐果所需要的空气湿度为75%～85%。过低的空气湿度会导致枣花焦枯，降低坐果率。花期灌溉和喷水对提高枣园内的空气湿度效果明显。具体方法是在晴朗无风的清晨或傍晚用喷雾器向叶面上均匀喷洒清水，一般花期喷 3～4 次，遇雨天停喷。有条件的也可使用枣园喷灌，每次喷水45～75 t/hm^2。

93. 精细夏剪的措施有哪些？作用是什么？

夏剪是调节养分分配，流向合理的重要手段。通过疏剪、摘心、拿枝软化等技术措施的正确运用，控制新生枣头生长，减少养分消耗，集中营养供花芽分化、坐果需求。

（1）疏剪

对着生位置不好，影响其他枝生长，又无发展空间的当年新生枣头从基部疏除，作用是减少养分消耗，改善树冠通风透光条件，提高全树的光合作用，增加营养物质积累。

（2）摘心

通过对枣头摘心，控制生长，减少养分消耗，有利于花芽分化，提高坐果率。

（3）拿枝软化

对长势旺影响其他结果基枝生长的枝条，通过拿枝软化，改变方向，减弱生长，有利坐果。

（4）拉枝

对着生位置不好的枣头，可通过拉枝改变其生长方向，有改善树冠结构，调节枝条的均衡分布，增加坐果的作用。

94. 如何给枣开甲？

开甲（图 7-1），即环状剥皮，目前山东、河北等枣区普遍采用，成为枣农常规应用技术。河南、山西枣区在大果型品种上亦有应用。据试验，枣树开甲不仅增产，而且含糖量增加，品质好。

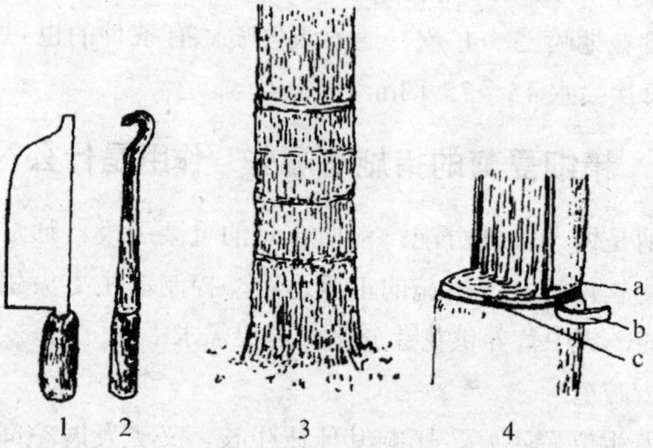

图 7-1 开甲

1. 开甲刀 2. 扒镰 3. 开甲后留下的环状痕 4. 开甲方法

a. 剔除老皮 b. 剥出的韧皮组织 c. 环剥后裸露的木质部

（房师梅，等. 板栗、核桃、柿子、枣优质高产栽培技术. 1999）

开甲时期以盛花初期为宜，天气晴朗时进行。幼树弱树不开甲，进入盛果期的树干粗 10 cm 以上的才开甲。开甲工具用扒镰和菜刀。扒镰可专门锻制，也可用旧镰刀折弯制成。开甲口主干为佳。开甲时先用扒镰将树干老皮扒去一圈，露出宽 1 cm 左右韧皮，再用菜刀在扒皮部位中上部水平向内横切一圈深至木质部，在下面斜向上向内横切一圈深至木质部，将韧皮部分切断剔除，形成一上平下斜的梯形槽，即完成开甲。甲口做成上平下斜的梯形槽，目的是不宜存水，有利甲口愈合，防止树皮腐烂。甲口宽为树干直径的 1/15～1/10。开甲后用塑料布保护伤口。一般 20～25 d，伤口即可愈合，第一道甲口距地面 20～30 cm，以后逐渐上升。每次开甲相距 3～5 cm 开甲到主枝分杈之后，又从下向上"回甲"。开甲时要细心操作，既不伤木质部，又不留韧皮部。甲口要求宽窄一致，不留韧皮组织，否则影响坐果，群众中有"留一丝，歇一枝"的说法，就是这个道理。

95. 如何对甲口进行保护？

过去枣区农民对甲口不采取保护措施，容易受甲口虫危害而不能愈合，影响树势和坐果。为防止甲口虫危害，可在开甲 4 h 时后，在甲口处涂抹 50～100 倍 50%辛硫磷乳油或 200 倍 90%敌百虫稀释液，每隔 4～7 d 抹 1 次，共抹 3～4 次至甲口愈合为止。开甲 20 d 后，可将甲口用湿泥抹平或用塑料薄膜包扎，既防虫又保持甲口湿度，有利于甲口愈合。

96. 甲口不愈合的补救方法有哪些？

当甲口过宽或甲口虫危害，甲口在 1 个月内不能愈合时，为不影响树体生长，就要采取补救措施。方法是：对甲口不愈合的上下新生组织表皮用刀各切去一薄层，露出新茬，用10～15 mg/kg的九二0液或20～30 mg/kg的萘乙酸液和泥抹平甲口，再用塑料膜缠绕包好，防止水分蒸发，保持湿度，一般1个月左右甲口就可愈合好。如果上述措施甲口仍没愈合好，说明甲口过宽就要进行桥接。方法是：将树干基部萌生的根蘖苗或甲口下部的萌生枣头保护好，当小苗长到粗0.5 cm左右时，可采用插皮接的方法进行。将小苗在高于甲口2～3 cm处短截，去掉小苗上的枝叶，将小苗靠树干一侧削成契形长斜面，对侧头削成小短截面，然后将甲口上部的树皮撬开一细缝，将小苗长斜面从木质部和韧皮部之间插入，露出2～3 mm削面，然后固定用塑料膜缠绕绑紧，桥接完成。20 d就可愈合。桥接数量根据小苗的多少而定，多则对树的生长有益，如只桥接 1～2 个小苗，只能维持树体生命，就要进行上述甲口上下愈合组织切皮抹药泥刺激愈合组织生长的工作。树下无小苗的树，要采取树上枝条两头接的方法。如果天气变冷，可在来年春季萌芽后再进行。

97. 怎样给枣树剃枣？有什么优点？

剃枣（剃树），河南新郑一代枣农普遍应用，是枣树保花保果行之有效、简便易行、投资少、效益高的古老技术，可提高坐果率10%～14%。剃枣用刀锋很薄、宽2.5 cm的狭长小斧，剃斧。在花期砍伤树干韧皮部，相对阻止有机营养中根系运送量，从而提高坐果率，增加产量，改善品质.剃枣时左手扶树，右手持斧，从树干距地30 cm处开始，自上而下地剃。

切记斧要端平，垂直切入，入皮深度以伤韧皮部而不伤木质部为宜，每次3～5圈，各圈间距2～3 cm，斧痕呈水平，同一圈的斧痕相隔5 cm左右，互不连接。上下圈的伤口交错排列成“品”字形，数圈叠合在一起成封闭的伤口。剥枣在5月下旬至6月下旬，每年从树干距地30 cm处开始，逐渐上移。第一次剥枣后，每隔3～5 d再剥一次，直至终花。

剥树伤口小，容易愈合，对树势的妨碍较环剥轻，但操作要求较严格，应由熟练的人员操作（图7-2）。

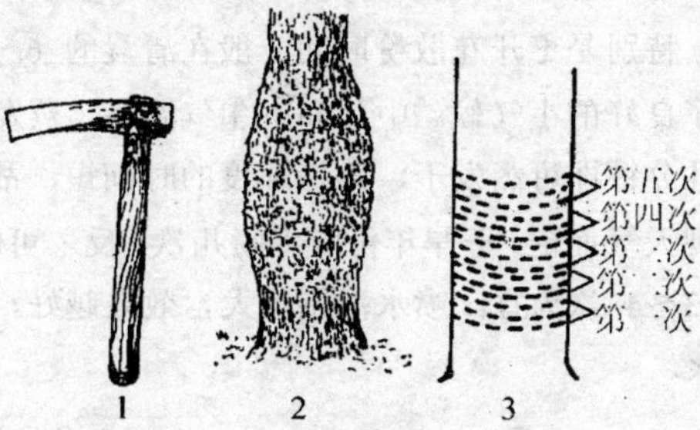

图7-2 剥枣

1. 剥枣斧 2. 经多年形成的膨胀状

3. 每年砍剥5～6次，每次3周，斧痕交错重叠成封闭圈

（房师梅，等. 板栗、核桃、柿子、枣优质高产栽培. 1999）

98. 如何给枣线割？

枣树线割多用于幼树或成龄树的主枝，在花期用锋利的切在主枝（主干）上环切到韧皮部，勿伤木质部，每次2～3环，一般2～3次。亦有曲线绕于2～3周。切口伤韧皮部，花期曲线割皮2～3次，割口呈线状，故称之线割。由于皮层不剥离，韧皮部机械伤4～5 d后可愈合，可提高坐果率，又不影响树势。

99．花期喷水对提高坐果率有什么效果？

枣花期正值北方干旱少雨的干热风季节，空气相对湿度低，对花粉发芽及花器均有不利影响，易产生焦花现象（即花朵未经授粉就干枯）。据笔者调查，干旱年份枣焦花一般在20%～40%。花期喷水可以提高空气湿度，减少焦花，有利于花粉发芽和授粉，提高坐果率。喷水时期应选初花期到盛花期，一天之中的喷水时间以傍晚最好，因傍晚温度下降，蒸发量低，喷水后空气湿度保持时间长，特别是枣开花散粉时间一般在清晨的 6～8 时，为其授粉提供了良好的小气候。中午和下午气温高，蒸发量大，叶面喷水后十几分钟即可蒸发干，维持湿度的时间短，故效果不好。喷水次数视天气而定，干旱年份应多喷几次，反之可以少喷几次，一般喷水 3～4 次为宜。喷水范围越大，效果越好。因此，提倡大面积喷水。

100．为何花期放蜂？

枣虽然是自花结实品种，但异化授粉可以显著提高坐果率。笔者调查枣花期放蜂，坐果率可提高180%～300%，而且距蜂箱近的枣树授粉效果最好。这与河北省石家庄果树研究所调查的结果相一致。因此，果园蜂箱设置距离 100～200 m 为宜，过远效果不明显。为保护蜂群，在枣园放蜂期间，枣园禁止喷药。

101．花期喷激素和微肥有何作用？方法怎样？

花期喷九二 0、萘乙酸等植物生长调节剂和硼、锌等微肥均有提高坐果率的作用。九二 0、萘乙酸等植物激素，属于低毒的植物生长调节剂，在生产无公害和 A 级绿色食品中允许使用。

（1）九二0

是赤霉素的一种，具有促进植物细胞分裂和伸长，使植株健壮、叶片增大的作用，还有单性结实，减少落花落果，提高坐果率的作用。在枣初花期至盛花期喷10～15 mg/kg的九二0稀释液1～2次，可显著提高坐果率。

（2）萘乙酸

萘乙酸及其钠盐是一种广谱性植物生长调节剂，主要有促进植物细胞分裂和增大，诱导形成不定根，提高坐果率，防止落果的作用，但浓度大尚有疏果作用，应用时应注意。

枣在初花期至盛花期喷 15～20 mg/kg 的萘乙酸或萘乙酸钠稀释液可提高坐果率。

（3）喷硼

硼是植物生长不可缺少的微量元素，花期喷硼可促进花粉管伸长，有利于受精。因此，在枣的初花期至盛花期喷硼酸0.05%～0.1%或硼砂 0.2%～0.3%的稀释液，可提高枣的坐果率，并有提高果品质量的作用。

（4）喷微肥

络合微肥含有植物生长需要的多种微量元素，有补充植物微量元素和协调各元素之间的平衡，促进植物生长的用。在枣初花期至盛花期喷0.2%～0.3%的络合微肥有提高坐果和枣品质的作用。

上述花期管理介绍的提高枣坐果率的技术措施很多，单独使用均有效果，几种技术措施综合运用效果更好。如花期开甲加喷水加喷九二0加喷络合微肥，较使用一种技术措施效果明显。

102. 怎样促进枣着色？

枣着色期应注意改善光照条件，注重钾肥利用。具体措施为：

（1）加强枣树的后期管理

做到合理施肥，不偏施氮肥。在一般施肥基础上，增施钾肥，能增加红果比例。

（2）合理修剪

疏除内膛徒长枝、过密植枝、直立枝；顶、吊结果多的大枝；对遮阴处的枣果摘除部分老叶，转果，以改善光照，促进枣着色。

（3）控制灌水

枣成熟期要注意控制灌水。

（4）喷布药剂

在 9 月中旬开始喷 30～40 mg/kg 的萘乙酸，连喷 2～3 次，可以促进枣果着色。

另外，在成熟采收前喷施磷酸二氢钾，也有增加枣果着色的作用。

八、枣的贮藏保鲜与加工技术

103. 怎样确定保鲜贮藏枣的最佳采收期？

枣果成熟过程按皮色和质地的变化，可分成白熟期、脆熟期和完熟期3个阶段。枣果在白熟期已充分发育，肉质较松软，皮薄，糖煮后皮肉不易分离，是加工蜜枣用的果实采收适期。脆熟期果皮已渐转红，此期枣果质脆、糖高、汁多，是鲜食用枣的采收适期，加工南枣和乌枣则要求在全红脆熟期采收。完熟期的枣果色泽深艳，含糖量达到最高，肉质由内向外逐渐变软，含水率降低，是干制红枣的采收适期。

采收枣果以往都是用长杆敲枝震落法，工效很低。近年应用200～300 mg/kg浓度的乙烯利溶液，在正常采收前7～8 d喷布树冠，可有效地促进脱落，喷后4～6 d震动枝干，即能使95%以上的成熟果实脱落，提高工效4～10倍。但对有的品种可能出现轻度落叶的现象。

枣果采收后，鲜枣需在-15℃条件下经过速冻才宜进一步冷藏保鲜。民间一般多经干制或加工后进行贮藏。干制通常采用晒干法，选平坦、干燥通风处设置晒场，将枣果摊放于席箔上，厚10 cm左右，暴晒10～15 d，每天翻动数次，至枣果含水量降至28%以下，手握不发软时即可收藏。如果天气不好，也可用烤房烤制红枣。

红枣中有较高的含糖量，较易吸湿。贮藏时需选冷凉干燥的房屋，缸藏、囤藏均可。此外，用聚氯乙烯薄膜小包装，每袋10～25 kg，贮放于阴凉处，也有较好的效果。

由于枣是典型的晚熟鲜食品种，所以脆熟期是枣采收的最佳时期，以果皮完全转红时果味最佳。但在生产中，枣采收后，还需要经过运输、销售和贮藏保鲜的过程，若不是现采即食，就要适当早采，因为枣果面完全转红以后，已经进入脆熟期的后期，它会在2～3 d 内进入完熟期。完熟期的枣将失去鲜脆状态，品质下降，故枣宜在初红至半红期采摘为宜。河北沧州一般在9 月底至 10 月初，此时采收有利于运输、销售、保鲜、贮藏。由于枣具有成熟期不集中的特点，最好分批进行采摘。

104．枣果实的贮藏保鲜的采前准备有什么内容?

主要针对有流动资金和冷藏或气调设施的专业户，在枣收获前半个月要对制冷设备、电器装置进行养护和检修。首先对库房进行清扫和消毒，之后对库房进行预冷，准备充足的采收包装用品，并对果园进行考察，确定收购地点和采收量。

库房工具或容器消毒可用0.25 %次氯酸钙溶液浸泡或刷白，有条件的还可以在阳光下曝晒；库房可用 15～20 g/m^3 硫黄熏蒸24～48 h，或用1%～2%福尔马林、84 消毒液、0.5%漂白粉等消毒剂喷洒墙面、地面。入库前1 周降温至-1℃，并使其保持稳定。

105．怎样采收枣?

枣采收不同于其他制干品种，不能采用杆振法，也不能采取乙烯利催落的方法。因为枣的果实杆振采收，会使枣果实出现大量的粉碎性创伤，尤其果实表皮特薄，质地酥脆，即使有的没有破损，也不容易贮藏和长途运输；用乙烯利催落采收，会造成枣果实采前大量失水，果肉变软，表皮皱褶，不能保持枣原有的脆嫩质地，降低商品价值。所以，必须采取人工采摘的方法。

枣人工采收，也要本着“轻摘、轻放、避免挤碰、摔伤和保持果实完整”的原则，所谓果实完整，即要求枣果带有果柄，并使枣果与果柄间不能有拉伤，给果实柄端留下伤口广因为果柄处的伤口很容易感染病菌而使鲜枣腐烂。具体的采收办法是：一要提前做好高凳，这种高凳既要牢固又要轻便，最好是能折叠的工具，并在其上设计一个能挂放盛枣容器的地方；二要准备好能随之携带的采果容器，容器的内壁一定要光滑、无刺、柔软。一般不用书包、布袋等软器盛果，可用果篮、果箱、果盘等，内壁需用柔软物铺垫；三要随身携带疏果剪。

采摘时切忌用手揪拉果实，应一手拉紧枣吊，另一手握住枣果基部向上托掰。最好用一手托住枣果，另一手用疏果剪从果柄与枣吊连接处剪断，这样既能避免果与果之间的摩擦，也能保持果实的完整。树冠下部的果实，采果人站在地上轻摘轻剪，并轻放于容器中，树冠上部的果须站在高凳上采收，不能贪于省工采取摇动、手揪或杆振等法。小容器摘满后倒入大果箱时，也一定要轻轻倒入，尽量减少碰伤。

枣采摘时应避开清晨露水未干的时间，因为此时摘果易造成果柄处裂果。

106. 枣果实如何分级和包装?

（1）采后分级

枣采收以后，要立即进行分级和包装。枣分级，一般分为四级：单果重 25 g 以上的定为特级，20～25 g 的为一级果，10～20 g 的为二级果，10 g 以下的果实为三级果。

果实分级时，要选择一个平坦、阴凉处，地表铺垫物要柔软、平滑。将果实轻轻倒出，依分级标准细致挑选，分级包装，挑出虫果、伤果、病果、畸形果，视为等外级。分级的目的是使枣销售走向标准化，这样可取得更高的效益。

（2）枣包装

枣适合进行二次包装，一次为贮藏包装，一次为商品包装。枣采收分级后，首先要进行贮藏包装，贮藏包装要求：①包装物为无毒材料制作；②容器大小适当，一般为 10～15 kg/件；③要具有抗压、抗击性能，不能在贮运过程中因吸水变形而损坏枣果；④要求容器内壁光滑、柔韧，不能刺伤果实。一般以高强瓦楞耐潮纸箱或无毒塑料周转箱比较适宜；⑤箱体上要带有透气孔或换气装置。

商品包装分为外包装箱和礼品盒包装。商品外包装，是礼品盒以外的集中包装，一般要求容量为 10～20 kg，内装礼品盒 10～20 个。

礼品盒包装一般为精致美观的小包装，小包装材料一般多用无毒硬塑料或纸制成盒，盒内设有果托，可避免果与果碰伤。盒外按商品要求设计图案和照片，并加注品牌商标、净重、保质期及有关事项。

商品果经贮藏后装入小包装，小包装再装入大包装，这样既有利于运输，又便于销售。

107. 影响枣贮藏保鲜的主要因素有哪些？

为实现枣贮藏保鲜的理想效果，要采取一些必要的手段和措施，限制那些不利于贮藏保鲜的因素，创造出适于贮藏保鲜的环境。经科研人员多年的研究证明，枣贮藏和保鲜的效果受枣本身和外部环境两个方面因素的影响。

（1）枣本身的因素

① 枣果成熟度：枣果在成熟和完熟过程中，颜色、脆度、风味及营养成分都会出现一系列的变化，以此显示不同的成熟度。一般成熟度越低越耐贮藏，保鲜期随着成熟度的提高而缩短。据研究，将全红、半红和初红期采收的枣果，在0℃条件下贮藏，以初红果最耐贮，半红果次之，全红果耐贮性最差。当然成熟度不足时，果内的有机酸尚未转化，贮后品质也不佳。同时因果皮保护组织发育不健全，易失水失重而造成不耐贮藏。所以，适合贮藏保鲜的枣果实多在初红或半红期采收。

② 植物激素的作用：乙烯、脱落酸的生成和存在会加速果实的成熟进程，尤其是乙烯能提高吲哚乙酸氧化酶、脱落酸及其衰老因子的活化性。所以乙烯是果实加速成熟的物质，对果实长期贮藏保鲜会产生不利的影响。而2,4-D或赤霉素及萘乙酸对乙烯及脱落酸有拮抗作用，合理使用植物生长调节剂，不但可以减轻落果，同时对延长着色和采收期，以及采后贮藏保鲜都能起到较大的作用。

③ 枣果水分：水分是果实发育不可缺少的物质，也是细胞原生质的重要组成部分。枣的幼果含水量一般为80%~90%，白熟期水分占60%左右，全红期含水量在45%左右。鲜食品种果肉中的含水量不可太低，一旦失水便失去了鲜脆状态，品质明显下降。用于贮藏保鲜的枣不能失水，失水后的枣既不利于贮藏，也不利于销售。所以，枣不论是用于贮藏还是立即投放市场，都必须运用各种有效措施，把枣果水分外散减少到最低限度。

④ 枣果呼吸作用：其方式、强度及呼吸类型直接影响枣的贮藏效果。枣采收以后，它仍然是一个完整的生命体，贮藏中生

命活动的主要表现是呼吸作用。呼吸作用的实质是在一系列专门酶的参与下，经过许多中间反应所进行的一个缓慢的生物氧化—还原反应。把细胞组织中复杂的有机物逐步氧化分解成为简单物质，最后变成二氧化碳和水，同时释放出能量的过程。这种呼吸作用分为有氧呼吸和无氧呼吸两种方式。氧气充足时有氧呼吸进行强烈。在缺氧时则无氧呼吸开始进行。呼吸强度愈大，则体内养分的分解消耗愈快，反之则慢。由此可见，控制减小被贮枣果的呼吸强度是减少消耗延长贮藏时间的中心任务。有氧呼吸和少量的缺氧呼吸是枣果贮藏期间本身所具有的生理机能，少量的缺氧呼吸也是果蔬适应性的一种表现，使枣果在暂时缺氧的情况下，仍维持生命活动，但长期严重的缺氧呼吸会破坏果实正常的新陈代谢，导致被贮果实的迅速变质腐烂。

经研究证明，枣呼吸类型为非跃变型。在贮藏中呼吸作用一直在进行，并随代谢产物的增加，呼吸强度逐渐增大。因此，在贮藏保鲜时就要设法努力控制枣果的呼吸强度，可通过低温、氧气调节等措施让枣在适宜条件下维持最微弱的呼吸作用，同时还要避免出现强烈地无氧呼吸，延长贮期。

⑤ 果实完整性：枣果实有无虫伤、磕碰伤、挤压伤、摔伤以及枣果果柄是否完整等都可以直接影响其贮藏时间。不完整的枣果因为有伤口而使本身的生理机能发生变化，呼吸强度增加，物质消耗加速，同时伤口处极易被微生物侵染造成霉烂，影响贮藏时间及枣果质量。

（2）环境因素

① 贮藏温度：一般随贮藏温度的提高，枣果的老化进程加快，因为温度越高呼吸强度越大。因此，在一定的范围内温度越低贮藏效果越好，但低于冰点温度时会产生冻伤。

② 环境湿度：枣是一种很易失水的果品，将其置于适宜的湿度条件下，控制果肉水分散发是贮藏保鲜的一项重要任务。

③ 气体成分：适当降低氧气浓度，能抑制枣鲜果的呼吸强度，由于鲜枣对二氧化碳气体比较敏感，适当降低二氧化碳浓度，也能明显缓解果实呼吸和成熟的过程，人们利用这些原理对枣贮藏保鲜，以气体调节方式，延长贮藏果实的寿命。

④ 微生物作用：在枣果实成熟和贮藏的过程中，一些对贮藏不利的微生物会在特定环境条件下繁衍并侵入果体，成为果实软烂的重要原因之一。生产中为了解决各种病菌的侵染和发病，多采用采前喷药和贮期灭菌的方法加以控制。

九、枣园病虫害防治

108. 枣病虫害无公害控制技术有哪些？

随着枣面积不断扩大和种植年限的增加，各种病虫害发生呈逐年加重趋势，对枣生产安全是一个潜在的威胁。为克服常年化学防治所带来的害虫异常暴发及枣产品农药残留超标的问题，必须采用无公害措施控制枣病虫害。

农业防治

农业措施既能控制病虫害的发生，又能保证枣树正常生长，达到高产、优质、无公害的目的。

（1）选用健壮苗木，确定合理栽植密度

建园时，要选用生长健壮、根系发达，无病虫危害的优质苗木，园地地块要空气清新、水质纯洁、土壤未受污染，地势平坦、地形开阔、光照充足，土壤肥沃、排灌条件良好、土壤不含有天然有害、有毒物质，土壤矿物质在正常值范围内，无农药残留、污染。

要进行合理栽植，栽植深度以苗木根颈与地面相平为宜，切忌栽植过深，影响树体生长，且要确定合理密度，过密易造成树冠郁闭、园中小气候相对湿度增高、光照不足、枝条徒长、生长枝纤细，而且降低了抗病能力，为多种病虫害的发生创造了条件，栽植过稀则对光能和地力利用不经济，一般生产上以株行距

3 m×4 m较为合理。

（2）增施有机肥，提高树体营养水平，增强抗病虫能力

增施有机肥的目的是增强土壤有机质含量，改善土壤透气性和土壤结构，以有利于枣树根系的生长，增强树势，提高树体的抗病虫能力。有机肥使用的时间一般在秋季（9～11 月份）或翌春（3～4 月份），但以早秋施入为最佳。有机肥施用数量：一般幼龄树株施有机肥 20～50 kg，成龄树（结果树）可根据产量与肥料之比来确定，一般生产 1 kg 枣应施入优质有机肥 2 kg。幼龄期采取环状沟施，成龄树选用放射状沟施肥。

（3）树干绑草把诱越冬害虫

秋季（9 月份）树干绑草把诱集害虫在其内越，于枣树落叶后封冻前取下带出园外烧毁，以消灭草把中的害虫。

（4）刮除树干粗皮，清除枣园病枝落叶，降低越冬病虫基数

在秋季枣树落叶后、翌春枣树发芽前，刮除主干、主枝上的粗皮，带出园外集中烧毁，以杀死在其内越的病虫。刮老皮时要注意见红（木栓层），不露白（韧皮部），刮皮后用石灰、食盐和水 1∶0.5∶100 配制石灰水涂抹，具有杀菌防寒的作用。在秋季落叶后，及时清扫枣园中的落叶、杂草、病果、剪除的病虫枝、老皮一起带出园外烧毁，以减少越冬病虫的数量。

（5）深翻枣园，灌封冻水

在封冻前对全园进行 1 次深翻，以破坏土壤中越冬蛹的蛹室，以减少害虫的存活量，深翻深度一般 20～30 cm，随后浇 1 次透水。

（6）树盘覆膜，绑塑料膜带，阻虫上树

早春在树盘覆 1 m×1 m 的薄膜，阻止在土中越冬的害虫如枣瘿纹、桃小食心虫出土。在树干距地面 30 cm 处绑 10 cm 宽的塑料膜带，要求塑料膜与树干贴紧，能阻止枣尺蠖等害虫上树产卵。

（7）及时疏花疏果，科学确定树体合理负载量

枣花量很大，正常坐果率仅在1%左右，过多的花会消耗养分，所以要及时地疏花。枣留果标准一般是强壮树1个枣吊留1个果，中庸树2个枣吊留1个果，弱树3个枣吊留1个果。需及时疏果，保持枣树强健的树势，防止过量消耗养分，造成树体衰弱，抗病虫能力下降。

（8）合理追肥，及时补充微量元素

追肥时注意氮、磷、钾、微量元素的合理配比。追肥一般全年进行3次，分别在萌芽前、开花坐果期、果实膨大期进行，萌芽前以速效氮、磷为主，幼树株施磷酸二氨0.1～0.2 kg，成龄树株施磷酸二铵0.3～0.4 kg。5月底开花坐果期以氮肥为主，幼树株施尿素0.1～0.2 kg，成龄树株施尿素0.25～0.4 kg。7月上旬幼果膨大期应施氮、磷、钾及微量元素复合肥，幼树株施0.4～0.5 kg，成龄树株施0.6～1 kg。

叶面施肥见效快，效果明显。从开始发芽至采收前1个月，每隔半个月可叶面喷肥1次，也可结合喷药进行。叶面喷肥要根据树体的营养状况合理选择肥料种类，如花期喷尿素、硼砂，可提高坐果率，缺铁黄叶要及时喷0.3%～0.5%的硫酸亚铁或1 000倍的瑞恩2号，缺钙可喷800倍的稀土钙，也可利用鳞翅目成虫避磷的特性，在其产卵期喷0.3%～0.5%的磷酸二氢钾或过磷酸钙浸出液，以减少树土的落卵量，采收后可喷1%的尿素，增强树体的营养贮藏，利于树体安全越冬。

（9）合理浇水、排水

过于旱、涝对枣的生长都有一定的影响，在生产中要根据实际情况及时地浇水、排水，尤其是雨季及时排水，控制病原菌的侵染。

生物防治

生物防治是确保枣产品无公害的重要措施。病害可以利用各种农用抗菌素来控制，如细菌性病害缩果病可选用农用链霉素100～140 μL/mL 进行喷雾。真菌性病害可用农抗 120 抗生素 600 倍。螨类可选用阿维菌类如虫螨克 1 500 倍防治，食心叶虫可选用 Bt 制剂 200 倍液防治，如蚜虫、红蜘蛛、介壳虫、枣尺蠖，棉铃虫，可利用草蛉等天敌控制，也可在鳞翅目害虫产卵期释放赤眼蜂来控制。同时在园中要注意保护天敌如蚂蚁、青蛙及一些有益的鸟类，并可在园中间作一些天敌喜欢在其上栖息的作物来招引天敌昆虫。

物理机械防治

（1）捕杀法

在枣树的整个生育期中均可进行。对园中害虫如天牛、枣尺蠖、枣黏虫等发生危害期进行人工捕捉，也可在黄斑蝽、棉铃虫等害虫产卵期及时地进行抹卵。

（2）诱杀法

①灯光诱杀。可在棉铃虫等害虫发生期，在枣园中挂黑光灯，灯下放一水盆，放入加 0.3%的洗衣粉的溶液。②黄板诱蚜、诱粉虱。利用蚜虫、粉虱对黄色有趋性，选一长方形木板（30 cm×50 cm），四周用方柜固定，长板左右各加一根支柱，木板板面涂黄色广告漆，在木板外包两层塑料薄膜，膜外涂机油或凡士林，插入枣密植园即可。也可将涂上机油的黄色纸条挂在树枝上。③糖醋液诱杀。将糖醋液（红糖 250 g、醋 500 g、水 5 kg）置入废旧罐头瓶中，悬挂于树上。

化学防治

化学防治一定选择使用无污染的生物、动物源与特异性农药、无机农药和矿物性农药。如枣树发芽前可选用 3～5 波美度的石硫合剂进行喷雾，生长季节可选用绿盾丰 1 000 倍喷雾。在不得不使用化学农药时，要严格执行安全期施药，在摘果前 1 个月禁止施用化学农药。

109. 怎样识别和防治枣锈病？

该病在我国各大枣区均有发生，其病源菌属担子菌纲，锈菌目，锈菌科，锈菌属，枣层锈菌，主要为害枣的叶片，受害树多在 8～9 月份大量落叶。发病初期叶背散生淡绿色小点，之后凸起呈暗黄褐色，以叶尖、基部及中脉两侧居多，叶正面则对应有绿色小点，呈花叶状，逐渐变黄，最后失去光泽，干枯脱落。落叶一般从树冠下部向上蔓延。落叶严重的树仅有枣果挂在树上，很难成熟，果柄受害易脱落。

（1）发生规律

由于该病在枣树芽中可检测到多年生菌丝活动，推测其病源菌可在病芽中越冬，可借风雨传播，6 月中、下旬后的湿度状况是导致该病多次侵染的主要条件。6 月底至 7 月初如有降雨，可在此时侵染，7 月中、下旬开始发病和少量落叶，8 月下旬大量落叶。据观察，雨季较早来临，高温高湿，树冠郁闭则利于该病提早大发生。干旱年份则发病轻或不发病。

（2）防治方法

① 降低菌源基数。发病较重园片可结合早春刮树皮对树干、枝芽喷施 3～5 波美度石硫合剂，及时清扫夏秋季落叶、落果并

烧掉，以减少病源菌传播。

② 农业栽培措施。合理控制氮肥用量，避免枝叶徒长而造成的郁闭；合理控制株行距并适当控制内膛过密枝条，利于通风透光，降低湿度，增强树势；雨季应及时排除果园积水，防止过湿而带来的病害流行。

③ 化学防治。雨季来临较早时可于 5 月底至 6 月初（此时已有雨的情况下，可有夏孢子开始飞散），树上喷保护性杀菌剂，如倍量式波尔多液 300 倍液或 0.3 波美度石硫合剂；6 月底至 7 月初再用一次倍量式波尔多液 200 倍液，之后如无降雨，可在 1 个月时再用 1～2 次药即可控制为害；如有降雨，可在降雨后喷施 25%三唑酮（粉锈宁）可湿性粉剂 1 000～1 500 倍液，80%的大生 M-45（喷克、新万生）可湿性粉剂 600~800 倍液，50%多菌灵可湿性粉剂 800～1 000 倍液等，雨水较多时，注意雨后补喷交替用药。

110．怎样识别和防治枣炭疽病？

枣炭疽病源为半知菌亚门的无性阶段，该病菌还为害苹果、梨、葡萄、核桃等多种果树。染病果实先出现红褐色斑点，之后病斑渐大，周围伴有淡黄色晕环，最后病斑颜色变为黑褐色，稍凹陷但再扩大发展缓慢，病斑形状多样化，有圆形、椭圆形或梭形等。病斑里面的果肉由绿渐变褐色，坏死，呈黑色或黑褐色。果实一般不脱落，但在后期或病斑较多时往往易腐烂而脱落，少数干缩为僵果挂在树上。

（1）发生规律

该病菌可在脱落的枣吊上检到，随风雨飞溅传播或昆虫带菌传播，如蝇类、椿象类、叶蝉类等。此外，刺槐也可染病并携带病菌，以刺槐为防护林的园片有加重此病发生的条件。据资料介绍，该病孢子在5月中旬前后有降雨时便开始传播。但此时离枣坐果期尚早。往往在果实近白熟期发病（约 8 月上中旬）。另据介绍，分生孢子在高温、高湿、多雨水情况下易于大发生，最适萌发温度为28～32℃，相对湿度为95%以上并需补充一定糖分，在此适合条件下，不足10 h可完成侵染过程，潜育期二般3～13 d，有时长达40～50 d以上，具潜伏侵染性。据此，该病于7 月前后，由迁移范围大、发生较重的刺吸式口器害虫带菌及接种有密切关系，也有资料介绍，炭疽病与缩果病合并发生是造成大量落果的原因，但也与刺吸式口器害虫为害有密切关系。在近成熟时发病较轻。

（2）防治方法

① 降低菌源基数，减少病源。对树下枣吊、落叶、病果等及时清除，也包括附近刺槐树的枯叶落叶及相关染病树种的病果、枯死枝叶等。尽量不用刺槐防护林，改用其他树种。

② 农业栽培措施。见枣锈病部分。

③ 做好害虫防治，杜绝传播途径。对蝽象类、叶蝉类等刺吸式口器害虫做重点防治。

④ 化学防治。于发病期前的 6 月下旬先用一次性杀菌剂消灭树上病源，可选70%甲基托布津800倍液、50%多菌灵800倍液、40%新星乳油 800 倍液等；临近发病期可结合枣锈病防治，于7月中下旬喷1次倍量式波尔多液800倍液或77%可杀得可湿性粉剂400～600倍液；发病期的8月中旬左右，选用1 000万IU农用链霉素（每百万单位对水6～8 kg）或10%多氧霉素1 000倍液交替使用，并混入80%代森锰锌（喷克，大生 M-45、新万生）可湿性粉剂800倍液或40%新星乳油1 000倍液（或甲基托布津、

多菌灵等，使用浓度见说明），每 10～15 d 1 次，至 9 月上中旬一般结束用药。

111. 怎样识别和防治枣缩果病?

枣缩果病又称萎蔫果、雾抄等。该病致病微生物有不同报道和意见。河南新郑枣树研究所与中国科学院微生物研究所等检出为细菌性革兰氏阴性菌，也有人士认为屑真菌类病源为害。该病目前仅见于果实，受害果面初期呈淡褐色小斑点；病斑扩大后呈黄褐色，皱缩、凹陷。果肉呈海绵状坏死，食之有苦味，最终导致假着色状红绿病果脱落。该病在枣区均有分布。

（1）发病规律

该病与刺吸口器害虫的迁移传播有关，而高温、高湿是该病发生流行的必要条件，在 7 月下旬至 9 月初期均可发生。集中在 8 月份，常在连续性阴天或间续阵雨时流行。后期病果有炭疽病症状合并发生。

（2）防治方法

参见枣炭疽病并结合进行。所选药剂中以农用链霉素、农抗 751（中生菌素）为主。

112. 怎样识别和防治枣疯病?

枣疯病俗称扫帚病、公树病、丛枝病等。病源物暂定于植物病毒、类菌质体或类立克次体。全国各枣区均有分布，唯河北省沧州一带罕见。树体或苗木发病后叶片小且黄化，枝条细小丛生，不易开花坐果；另外还有花叶（黄绿相间）症状型。大树中途染病者表现畸形果，着色不均呈花脸状，落果严重等，有时个别枝发病到全树发病历经数年（图 9-1）。

图 9-1　枣疯病

1. 有病的发育枝　2. 病果　3.病花（花变叶）

（果树病虫害防治. 1995）

（1）发病规律

该病靠叶蝉类及刺吸式口器昆虫等传染，修剪及嫁接工具等作业时也可能传染。管理粗放或不便管理的山区、半山区果园发病多。病源物在树体内的韧皮部运行，具有潜伏期长的特性，染病后当年可不表现。

（2）防治方法

①加强检疫，严禁苗木、接穗等带毒传播。提倡用脱毒苗木建园。②发现个别病株应刨掉并烧掉，清理残根、落叶等集中销毁，减少传染病源。③不提倡带病树的各种治疗方法，以防更多的园片被感染，应及时刨掉。④做好叶蝉类、蟒象类等刺吸式口器害虫的及时防治，防止带毒传播。

113. 怎样识别和防治枣烂果病?

枣烂果病已知可由苹果轮纹病的病源物所致，其基本症状与之相似，故又称枣轮纹病。可为害梨、桃、杏、李、海棠等多种果树。枣果染病后在前期较少发病，着色后，采收期及贮藏期均可发病。染病初以皮孔为主出现浅褐色小病斑，之后扩大为红棕色大病斑，病部果肉组织浆烂，有酸臭味但无苦味，最后全果腐烂易脱落。

目前各大枣区均有分布，是枣区重要病害之一。一旦发病则不易控制。

（1）发生规律

目前在枣枝干方面并无轮纹病表现，是否带菌不得而知，但叶片斑点类病害、干腐病等弱寄生菌类潜伏性病源很有可能也造成果实真菌性烂果病。轮纹烂果病菌在幼果期靠风雨散发传播，导致果实染病并潜伏在果皮组织或果实浅层组织中，一旦果实停止生长，生理活动能力减弱，加上后期阴雨天气较多，便可发病。从果实在后期阴雨天气较多时发病的表现与弱寄生菌的潜伏侵染关系应属密切。否则，仅靠枣树体枝干之外的致病源很难远距离传播。刺吸式口器昆虫带毒传染也应占据一定地位。

（2）防治方法

可参照枣炭疽病的用药结合进行，尤其应注意 6～9 月份幼果至白熟果期防治和防护林树种如刺槐及杨树等枝干枝枯病类的防治。

114. 枣树叶片发黄是什么原因？如何防治?

枣树叶片发黄主要是由于树势衰弱造成的，引起叶片发黄的原因是多方面的：一是因发生细菌性疮痂病、枣锈病、干腐病等病害，引发早期落叶，树体贮备营养不足，树势衰弱，导致叶片发黄；二是甲口愈合不好，树势较弱，水分、养分不足引起叶片发黄；三是地势低洼，积涝严重，叶片出现黄化；四是根部病害或施用化肥过量，造成肥害，烂根、死根，水分、营养供给不足导致黄叶；五是某些缺素症状，如缺铁、缺氮、缺磷、缺硫、缺铜、缺锌、缺锰等都会造成叶片黄化。

预防和治疗枣树叶片发黄，首先要对引起叶片黄化的原因进行分析诊断，然后对症下药。如因缺素症发生黄叶病时，应及时补充树体营养，但单独补一些铁、锌、磷等元素，枣树很难吸收，因此，一定要注意补肥方式。可采取地下追肥，要选用腐熟好的农家肥或多元素有机无机复合肥，或用氨基酸螯合肥进行灌根处理。也可以叶面喷肥，每隔 15 d 喷布一次 0.7%花蕾宝或全营养氨基酸螯合肥，如氨基酸螯合铁、钙、锌、锰、天达 2116 植物细胞膜稳态剂，枣树高级营养素等。

115. 怎样识别和防治枣裂果病？

枣裂果病是生理病害，主要表现是果实生长后期出现裂果，特点是久旱突然降雨，果实出现大面积裂果。

（1）发病规律

枣裂果品种间差异很大，枣表现裂果较轻。

据调查，造成枣裂果主要是以下因素：一是枣果本身遗传基因造成的，品种间差异就是例证，同一品种不同品系间也有类似情况，如同是金丝小枣不同品系间就不同，有一种圆形小果型的金丝小枣就特别易产生裂果，相反新选育的金丝新 4 号裂果就非常轻。这是由于金丝小枣数千年的栽培，自然变异造成品系间的差异，又由于过去金丝小枣的栽植主要是依赖未经选优的根蘖苗，使金丝小枣的表现千差万别；二是气候原因，果实生长前期干旱，不能适时适量浇水，后期突然降雨，致使果实细胞生长不均衡造成裂果；三是栽培原因，有机肥施用不足，土壤板结，根系生长不良，再有就是果农长期采用地面撒施的施肥方法，造成根系上浮，抗旱耐涝能力下降等因管理方式不当造成果实裂果；四是缺钙，钙是组成果胶钙和细胞壁的重要元素，果树缺钙，果实裂果的几率就大。

（2）防治方法

①开展品种选优，淘汰那些易裂果的品系，从根本上解决裂果问题。②根据天气情况做好果实生长期的浇水，应提倡滴灌和果园覆草，使土壤湿度保持在合理和稳定状态。雨季要及时排除果园积水。③增加有机肥的使用，改进施肥方法，改善土壤保水保肥能力，促进根系生长，引根向下，提高枣树的抗旱能力。④果实生长中、后期适当补充钙肥。可用0.2%的氯化钙、硝酸钙或氨基酸钙喷施。笔者实验，在补钙中加入 200～300 倍的羧甲基纤维素（羧甲基纤维素应提前 12 h 用水浸泡便于溶化），再加入杀菌剂如用 40%新星乳油 8 000 倍液，可减少果实浆烂，效果更好。

116. 枣浆烂病如何防治?

枣浆烂病严重影响产量和果实品质，各枣区均有发生。近几年在金丝小枣上为害严重，枣也有发生，成为枣树重要病害之一。该病主要为害果实，为害症状表现为果实烂把、烂果及果面出现黑斑（黑疔），危及果肉，果肉为黑色硬块，有苦味。

（1）发病规律

据沧州农林科学院王庆雷、刘春芹等对金丝小枣浆烂果病的研究，造成果实浆烂的病原菌主要是壳梭孢菌、毁灭性茎点霉菌、细链格孢菌，以壳梭孢菌为主，该菌引起果实浆烂（俗称黄浆），毁灭性茎点霉菌引起果柄处腐烂（烂把），细链格孢菌致使果皮出现黑斑（黑疔），三种病原菌可混合侵染，也可单独致病，不同品种、地域环境其组成可能有差异。病原菌在枣树枝干外皮层、落叶和病果中过，可在枣树生长季节侵染，侵染高峰在7月上旬至9月中旬，与温度和湿度关系密切，雨后高温可大发生。病原菌有侵染潜伏现象，侵染果实后当时可不发病，当环境条件适宜时可以发病造成果实浆烂。该病原菌寄生广泛，杨、柳、榆、刺槐、苹果、梨等树种均为病原菌寄主。

在生产中调查发现，枣浆烂病发生除与空气湿度和气温有关外，与枣园的管理水平密切相关。凡是施肥以有机肥为主、土壤有机质含量高、结构好的果园；修剪到位、枣树的树体结构和群体结构合理、通风透光的果园，坐果适量，树势健壮的枣树浆烂病发生明显轻。在运用同样的防治措施，每年以氮肥为主，坐果过量，通风透光不良的果园，枣浆烂病发生可达20%以上，而管理水平好的果园枣浆烂病很轻，一般在3%～5%。

（2）防治方法

① 农艺措施。在枣树落叶后或早春，彻底清除枣园的枯枝落叶、病果落果、杂草及周围防护林的枯枝落叶，杂草销毁，减少病原菌越冬基数。

加强肥水管理，增加有机肥的使用量，氮、磷、钾肥应合理配合使用，尤其目前一般枣园忽视钾的使用，土壤缺钾，应增加钾的使用。枣树生长前期一般降雨偏少，应该适时浇水，后期注意果实补钙，防治果实裂果，减少病原菌侵入的机会。合理使用九二 0 等促进坐果的技术措施，做到结果适量，生殖生长与营养生长平衡协调，以增强树势，提高枣树本身的抗病能力。

② 农药防治。在枣树萌芽前喷 5 波美度石硫合剂，包括枣园周围的其他树种，杀灭越病原菌。

在 6 月中下旬可用 40%新星 8 000 溶液；自 7 月上旬至 8 月中旬可用倍量式波尔多液 200～240 倍液喷 2～3 遍，8 月下旬以后可用77%可杀得可湿性粉剂600倍液或27.12%的铜高尚悬浮剂500～600 倍液防治，如果没有连续使用多菌灵的果园，可以用50%的多菌灵可湿性粉剂 400～500 倍液，或 80%大生 M-45 600～800 倍液防治。

117. 枣树枯枝病如何防治？

近几年枣树枯枝病有上升趋势，各枣园均有发生，笔者调查与有机肥施用量不足，过量施用氮肥及坐果过多，树势衰弱有密切关系，也与地势、土质及病虫为害引起感染有关。

（1）发生规律

主要侵染树皮损伤的枝条，多发生在枣头基部与二次枝交接的周围，病斑开始水渍状，形状不规则，病原菌由外向里逐渐侵入，树皮坏死干裂变成红褐色斑，影响养分的输导，病斑扩展一圈后造成枝条死亡。一年有两次发病高峰，第一次在萌芽后，第二次在 8 月中下旬，病原菌以半知菌亚门的壳梭孢菌为主，以菌丝和分生孢子在病斑内越冬。

（2）防治方法

①增施有机肥，提高土壤肥力，合理整形修剪及适量坐果，促进枣树健壮，提高抗病能力。②春天刮病斑，在枣树萌芽前喷5 波美度石硫合剂。③生长季节经常检查树体，发现病斑及时刮去坏死病斑，用石硫合剂原液（20 波美度）或用 843 康复剂或 5 倍 9281 杀菌剂涂抹病斑。

118. 怎样识别和防治枣尺蠖?

枣尺蠖属鳞翅目，尺蠖蛾科。俗称“枣步曲”、“顶门吃”。

全国各大枣区均有分布，以低龄枣园、酸枣树及管理粗放的枣园多见，而且多年发生。以幼虫取食枣树嫩芽、嫩叶、啃食幼果。

虫口密度大且防治不及时的情况下，枣及其他枣树品种的嫩芽被吃光，导致芽的二次萌发，叶片黄而小，严重影响产量和果实品质，有时叶、花被食，造成绝收。

（1）形态特征（图 9-2）

① 成虫：雌、雄蛾均为灰褐色。雌蛾较雄蛾体形稍大，体长 12～17 mm，翅退化，触角丝状，褐色；腹部肥胖，背部有纵向分布的黑色斑点，产卵器淡黄色。雄蛾体长 10～15 mm，翅展 26～35 mm。触角羽状，腹部点。

② 卵：椭圆形，初产时浅绿色，之后渐变为褐色并有光泽，近孵化时为紫黑色。

③ 幼虫：有 5 龄之分。初孵时体紫黑色，日后逐渐变为淡褐色至淡青灰色，老熟时体长约 40 mm。1 龄幼虫的前胸前缘及腹背第一至第五节各有 1 条白色环带；2 龄时体表有 7 条白色纵条纹；3 龄时有 13 条白色纵条纹；4 龄时纵条纹颜色变为黄白或

灰白相间色；5龄时有25条断续灰白色纵条纹。

④ 蛹：纺锤形，枣红至暗褐色，长13～15 mm，雌蛹稍大。

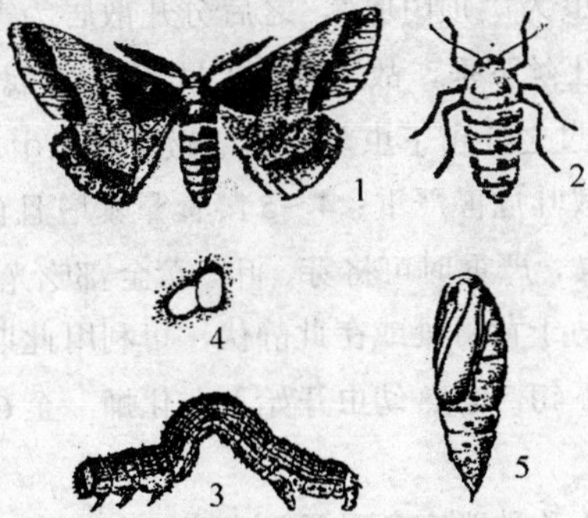

图9-2 枣尺蠖

1. 雄蛾 2. 雌蛾 3. 卵 4. 幼虫 5. 蛹

（曹尚银. 优质枣无公害丰产栽培. 2005）

（2）生活习性

该虫在多数地区一年发生1代，个别2代。以蛹在树冠下10 cm左右深度的土中越冬，尤以距树干1 m范围内比较集中。3月中、下旬开始羽化，4月上中旬为盛期，4月底至5月初羽化末期，羽化期可达50 d左右。雄蛾多在下午羽化，然后飞到树干背面或大枝背面潜伏；雌蛾羽化后多潜伏于土表下、杂草内等阴暗处，日落时开始向树上爬行，到晚8时至午夜时分寻找雄蛾交尾，次日即开始产卵，2～3 d后进入产卵高峰期。卵产于树干及枝杈的粗皮裂缝处，数十粒至数百粒排列成片状或块状，每只雌蛾可产卵800～1 200粒。雄蛾寿命多为2～3 d，雌蛾可达20 d左右。雄蛾对雌蛾释放的性信息素极为敏感，这一特性可用于该虫的预测预报。所产卵须10～25 d孵化，一般多于20 d，与温度及湿度有关，天气干旱且气温低时，卵的孵化始期较长，一般年份在4月中、下旬开始孵化。初孵幼虫群集在枣股处啃食嫩芽，因而枣农称该虫为“顶门吃”，之后分开散居为害。幼虫爬行迅速，受惊后即吐丝下垂，故又称为“吊死鬼”，属假死现象之一。1～2龄幼虫爬过之处留下虫丝，缠绕嫩芽难以生长；3龄幼虫食量大增，幼芽嫩叶危害严重；4～5龄食量暴增且食性较杂，串食花蕾，啃食幼果，严重时可将芽、叶、蕾全部吃光；幼虫老熟期，食量渐减且活动于背阴处或在此静伏，可利用此期特性进行人工捕捉；至5月下旬，老熟幼虫开始入土化蛹，至6月下旬可全部入土。

幼虫期的天敌种类有各种常见鸟类，如麻雀、喜鹊等；寄生性昆虫有枣尺蠖肿跗寄蜂、家蚕追寄蝇和枣尺蠖追寄蝇等。

（3）防治方法

① 保护和利用天敌。当天敌发生量较大时，混合寄生率可达60%左右，具有一定的控制作用。也可人工释放赤眼蜂，寄生率达96.1%。

② 人工防治。于早春成虫羽化前，在树干1 m范围内，将10 cm左右的表土挖出，拣拾虫蛹并集中消灭，也可将蛹于盆内埋好，待羽化时盖上粗格窗纱，只允许寄生蜂飞出，成虫则闷死在盆内；利用雌蛾不会飞的特性，在其羽化前，于树干中下部绑缚开口向下为喇叭状的塑料膜，阻止雌蛾上树，并于清晨捕捉雌蛾；也可将塑料膜改为草绳缠缚于树干中下部，诱集两性蛾在此交尾产卵，每10 d换一次草绳，并将换下的草绳烧掉以消灭其中的卵块；幼虫发生期以杆敲树击枝，利用幼虫假死性，收集坠地幼虫并处死；利用挖出的蛹，选出羽化后的未交尾的雌蛾，放入诱捕器中诱杀雄蛾。

③ 化学防治。选用 Bt 乳剂（100 亿活芽孢/g）500～1 000 倍液或 25%灭幼脲 3 号 1 500～2 000 倍液在幼虫初发至盛期之间（4 月底至 5 月初）树上喷雾；也可在幼虫发生盛期用拟除虫菊酯类混加 Bt 乳剂或灭幼脲防治。在 5 月中旬如有漏防幼虫可第二次用药，改以有机磷类混合拟除虫菊酯类杀虫剂进行防治，也可单用 Bt 乳剂进行防治。有机磷类杀虫剂可用 30%乙酰甲胺磷 800 倍液、80%敌敌畏 1 200 倍液。

与枣尺蠖同时危害的还有另外几种尺蠖：枣银灰尺蠖，属鳞翅目，尺蠖蛾科，又名枣小步曲，成虫较枣尺蠖体形略小，但雌蛾为有翅型，雌雄蛾体色均较浅，为银灰色；刺槐尺蠖，除为害刺槐外，还为害枣、梨、桃、杏、杨等树种，雌蛾翅退化；酸枣尺蠖，属鳞翅目，尺蠖蛾科，为害酸枣、枣、苹果等。雌成虫翅亦退化，成虫皆灰色偏暗。上述几种尺蠖的防治可参照枣尺蠖进行。

119. 怎样识别和防治枣黏虫？

枣黏虫属鳞翅目，小卷叶蛾科，又称枣镰翅小卷蛾、枣实菜蛾，俗名“黏叶虫”、“贴叶虫”、卷叶蛾”等。河北、山东、山西、陕西、河南、安徽、江苏、浙江、湖南、湖北等各枣区均有分布，是枣树主要害虫之一。以幼虫为害芽、叶、花蕾、花，并咬食幼果。第三代幼虫开始为害幼果，常将枣叶与枣果用薄丝相互粘贴，在其中啃食果柄处的枣皮与枣肉，造成落果。

（1）形态特征（图 9-3）

① 成虫：体长 5～7 mm，翅展 14 mm 左右。黄褐色，触角丝状。复眼暗绿色。前翅褐黄色，前缘有黑白相间的黑褐色斜短纹 10 余条，在前几条下方，有 3 条银灰色线，翅中央有 3 条黑

色纵线纹；顶角突出，向下弯曲呈钩镰形；外缘色稍深，着生细长缘毛。雄成虫腹尖尾处有毛束。

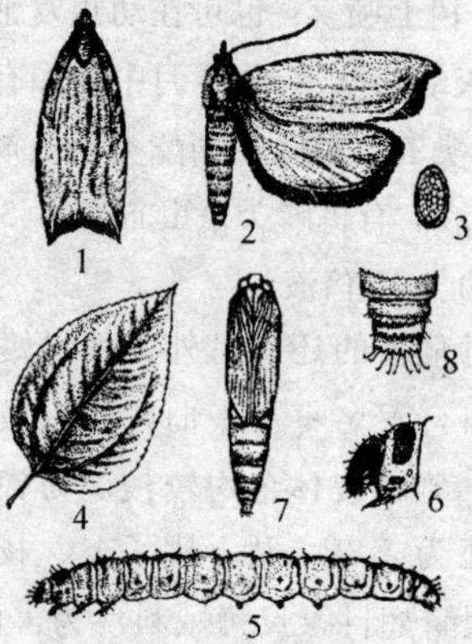

图 9-3　枣黏虫

1. 成虫自然状　2. 成虫展翅状　3. 卵　4. 叶脉附近卵粒
5. 幼虫　6. 老熟幼虫头部及胸部　7. 蛹　8. 蛹腹部末端
（果树昆虫学. 1987）

② 卵。扁圆或椭圆形，长 0.5 mm 左右。初产时乳白色，后变黄色、红黄色、橘红色或紫红色，近孵化时变为黑红色。

③ 幼虫。初孵时头部黑褐色，体长约 0.8 mm，腹部浅黄色，取食后变为绿色。老熟幼虫头部黄褐色，体长 10～15 mm；全身黄白色，体疏生黄白色短毛；前胸背板黄褐色；胸足 3 对，褐色；腹足 4 对，尾足 1 对，色较浅。

④ 蛹。纺锤形，长约 7 mm，被白色薄茧。化蛹初为绿色，渐变黄褐色，至羽化时为深褐色。各肢节背面有 2 列刺突，尾端有 8 根弯曲的毛刺。

（2）生活习性

枣黏虫在华北大部地区1年发生3代，华中地区及华东地区一般4～5代，有世代重叠现象。以蛹在粗皮裂缝处越冬。越冬蛹一般在3月中下旬开始羽化并产卵，越代成虫，盛期在4月上旬。第一代幼虫可于4月上中旬见到；5月中旬开始化蛹，5月底至6月上中旬羽化、产卵，并可持续到7月上旬。第一代成虫集中出现期为6月上、中旬，第二代成虫集中发生期为7月下旬。而第一代幼虫（越代蛹羽化后所产卵的孵化代）出现盛期在5月上旬，第二代幼虫盛期在6月上、中旬（花期前后），第三代幼虫盛期在8月底至9月初，第二、三代幼虫盛期只是相对集中，均不太整齐，防治上有诸多不便；至9月上旬起，老熟幼虫陆续转移至粗皮缝隙处结茧，化蛹越。各代（次）成虫的寿命一般7 d左右，每雌蛾产卵量在不同时期也不相同，一般产卵量：越代4粒左右、第一代60粒左右、第二代75粒左右。平均卵期也不相同：第一代7 d以上、第二代和第三代平均不足7 d。第一代幼虫发生在萌芽阶段，主要为害嫩芽和叶；第二代幼虫发生在花期前后，为害叶、花蕾、花和幼果；第三代幼虫处于果实着色期，为害叶和果，造成落果。各代幼虫均吐丝，连缀花和叶、叶和吊、叶和果，隐藏在其中为害。成虫有趋光和趋化（性信息素）特性，可用于指导防治。5～7月份降水次数较多且天气湿热时，枣黏虫容易大发生。

（3）防治方法

① 人工物理防治。刮树皮灭蛹：利用枣休眠季节，人工刮除树干、枝杈处的粗皮和翘皮，事先在树下铺好塑料布收集树皮及虫茧，集中烧掉。黑光灯诱杀成虫：于成虫发生期，设置黑光灯（杀虫灯）诱杀成虫。于5～6月份，对药剂遗漏防治的黏虫

包进行摘除。9 月上旬起，在树干枝杈处绑草把，诱虫化蛹，再取下烧掉。

② 化学防治。关键要抓好第一代幼虫防治，基本与枣尺蠖同步进行，所用药剂也相同。第二代幼虫的防治正值花期前后，此时天敌生物大量发生，药剂选择时应防止伤害天敌与蜜蜂，可用苯甲酰基脲类杀虫剂，如 20%杀铃脲悬浮剂 8 000～10 000 倍液，持效期可达 15 d 以上，也可选用 5%卡死克（氟虫脲）乳油 1 500 倍液兼治红蜘蛛类害螨。配合药剂选用 20%螨克（双甲脒）1 000～2 000 倍液、20%螨死净 2 000～3 000 倍液或 50%螨死净悬浮剂 5 000～6 000 倍液。

③ 生物防治。性诱剂迷向方法：参见前面所述、枣黏虫性引诱剂有关内容。天敌生物防治：在保护天敌的条件下，可选用赤眼蜂防治，在第二代成虫产卵期（7 月中、下旬开始），每株释放松毛虫赤眼蜂 3 000～5 000 头，在田间卵调查的基础上，于卵的初期、初盛期和盛期各释放 1 次（每次间隔约 4 d）最好，田间卵被寄生率可达 85%以上。利用微生物杀虫剂：喷洒 Bt（100 亿活芽孢/g）乳剂 500 倍液，或白僵菌普通粉剂（100 亿活孢子/g）500～600 倍液。

120. 怎样识别和防治桃小食心虫？

桃小食心虫属鳞翅目，蛀果蛾科，又名桃蛀果蛾，简称“桃小”，俗称“钻心虫”、“枣蛆”等。国内华北、华中、华东及东北、西北地区均有分布，是各产果区的重要害虫。除为害枣树外，还为害桃、杏、苹果、山楂等。以幼虫蛀入果内为害，虫粪留存在果内。因此，有人称其为“豆沙馅”，危害严重时，虫果率可达 20%～80%，严重影响果品的产量和质量。早期受害果实出现提早着色、脱落，后期为害的枣果常留存至采收，混入无虫果中，虫果比例较大时，严重影响其商品价值和食用价值。

（1）形态特征（图9-4）

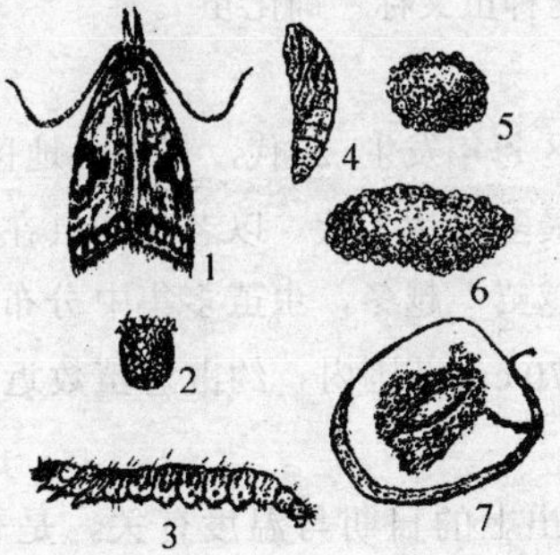

图9-4　桃小食心虫

1. 成虫　2. 卵　3. 幼虫　4. 蛹　5. 茧　6. 夏茧　7. 为害状

（周正群. 枣生产关键技术百问百答. 2005）

① 成虫：体灰褐色。体长 5～8 mm，翅展 13～18 mm，雌蛾较雄蛾体型稍大。复眼红褐至深褐色。触角丝状，雄蛾触角每节肢面两侧具纤毛，雌蛾则无。下唇须两性蛾差别大，雌蛾长而直，如剑状，雄蛾则短而弯向上方。胸部背面灰褐色。前翅浅灰色，中央近前缘有一蓝黑色近似倒三角形的斑；后翅灰色，具浅灰色长缘毛，翅缰雄蛾1根、雌蛾2根。腹部灰黄褐色，雄蛾腹尾有较长的黄色毛状鳞片。

② 卵：椭圆形，长约0.5 mm，短径约0.3 mm；橙红至深红色；表面有不规则环刻纹；端末环生有2～3圈“Y”字形刺毛。

③ 幼虫：体长 13～16 mm，小时幼虫为淡黄白色，老熟时桃红色；头、前胸背板及臀板为褐色或黄褐色。

④ 蛹：长 6.5～8.6 mm，黄白色，近羽化时灰褐色，体壁光滑。

⑤ 茧："越茧"扁圆形，长径 5 mm 左右，由幼虫吐丝缀合土粒构成，质地紧密；夏茧纺锤形，长 13 mm 左右，质地疏松，一端留有羽化孔，这种茧又称"蛹化茧"。

（2）生活习性

河北大部分地区每年发生 2 代，其他各地区每年发生 1～2 代，个别南部地区最多可达 3 代。以老熟幼虫在树冠下或堆放残次果下的土中做"越茧"越冬，虫茧多集中分布在 10 cm 以上土层，树干周围 50～70 cm 范围内，约占总茧数近九成的比例，尤以树干北侧最多。

越冬幼虫开始出土的日期与温度有关，是否出土整齐与当时的降雨状况或土壤湿度有关。一般在出土前一旬的平均气温稳定在 16.9℃、地温 19.7℃时开始出土，一般年份在 5 月中、下旬。

此时若有适当雨水或田间灌溉，即连续出土。集中出土期与 5 月底至 6 月初的明显降雨相关，此时有降雨时，出土的盛期即在 6 月上、中旬；如果此期多为小雨，则出土集中期为多次小高峰的形式；如遇长期干旱，则推迟幼虫大量出土的时间。整个幼虫出土时间前后可持续近 2 个月。越冬幼虫出土后即做夏茧在其中化蛹，出土至羽化约需 11～20 d，平均 14 d 左右。越代成虫一般在 6 月中、下旬开始见到，盛期在 7 月上旬，至 8 月初结束。

田间卵发生在 6 月中、下旬，盛期在 7 月上、中旬之间，卵期平均 8 d 左右，第一、第二代卵期相连，至 9 月底结束。第一代幼虫蛀果盛期 7 月中旬末，第二代在 8 月底至 9 月初。幼虫只蛀一果，无转果习性，一般蛀果后多在果顶处绕核串食并积粪其中，形成“豆沙馅”。蛀入果内发育 20 d 左右的幼虫即可变为老熟幼虫，此时多在果顶部咬一圆孔脱出，落地做“蛹化茧”。较早蛀果的幼虫一般因果实早熟而随果落地，再做蛹化茧。发生一代的地区就此做扁圆形茧进入越冬态。发生二代者做纺锤形化蛹茧，再完成一个世代。第二代幼虫一般从树上果实中脱果坠地，做越茧。脱离果实的盛期一般在 9 月中、下旬。

（3）防治方法

① 人工防治。挖虫茧：可与枣步曲挖茧一同进行，枣步曲挖茧的土层范围已包括了桃小茧分布区，同时注意树干根颈处在土中的部分，常有较多茧集中在此处粗皮裂缝中，将挖土拣拾的越茧集中销毁，可消灭大部分虫源。及时拣拾落果：7、8 月份相交之际，正值落果高峰，可在此期前后注意及时拣拾落地果，并集中蒸煮以消灭第一代果中老熟幼虫，之后的落地果注意及时拣拾收集在密封容器中集中销毁，在 9 月份雨后的几天，是二代老熟幼虫集中脱出果外坠地之时，注意拣拾和消灭树干茎部的密集幼虫。

② 生物防治。利用性诱剂诱杀雄成虫：详见前面关于桃小性诱剂用于诱捕雄蛾的介绍。利用桃小甲腹茧蜂寄生幼虫防治：此种茧蜂和桃小生活史基本同步，有桃小出现，即有此茧蜂来寄生，枣树上的桃小是该蜂的重要繁殖寄主，寄生从桃小卵起，历经卵中卵，幼虫中幼虫，直至老熟幼虫茧中。待桃小幼虫出土化蛹时，此蜂的幼虫可将桃小老熟幼虫体液食尽而使其死亡，被寄生的桃小食心虫化蛹茧常常较正常茧小，仅 6 mm 左右。这一点用于识别是否茧被寄生，用寄生过的茧放入桃小危害的园片，先放于特制的养蜂笼中，待羽化为成蜂后放飞于枣园。利用活体微生物制剂防治：可选用白僵菌制剂、Bt 乳剂和化学合成类农药混合应用。

③ 化学防治。做好地面防治：在越代幼虫出土始期和第一代幼虫脱果盛期稍前，用白僵菌普通粉剂2 kg加入48%乐斯本乳油0.15 kg（或25%辛硫磷微胶囊剂0.5 kg）兑水150 kg喷树盘，喷后覆草，防效可达到90%以上。根据测报进行树上防治：对于往年桃小为害较重的园片（虫果率达5%以上），可依据桃小性诱剂测报结果及田间查卵进行防治，在雄蛾高峰1周左右，同时田间卵果率达 0.5%～1%时为防治指标，采取树上喷药。药剂可选1.8%阿维菌素（海正灭虫灵）乳油3 000～4 000倍液，2.5%功夫乳油 3 000 倍液，5%农梦特（氟铃脲乳油）1 000～2 000 倍液或20%杀铃脲悬浮剂 8 000～10 000 倍液，5%来福灵乳油（顺式氰戊菊酯）2 000～3 000 倍液，20%灭扫利乳油 2 500～3 000 倍液等，用药间隔期 10～15 d，连喷 2～3 次。注意更换用药以减少抗性。

上述防治方法结合进行，采取地面挖茧与幼虫出土期地面防治，性诱剂预测预报和诱杀雄蛾，适期对树上幼虫用化学药剂防治，保护利用好天敌昆虫等相互配合，可有效地控制该虫为害，单一防治措施常常难以奏效。

121. 怎样识别和防治绿盲蝽？

绿盲蝽属半翅目，盲蝽科。俗名小臭虫。分布于长江、黄河流域。为害枣、梨、苹果等果树及棉花、甜菜、烟草、茶叶、苜蓿等经济作物和牧草。以成虫或若虫刺吸植物幼芽、叶、花、果、枝汁液。因寄主植物较杂，可互相传染多种病害。近年来沧州枣区受此虫危害日趋严重，2001年春季，许多枣园局部或大部分枣树枣吊无花蕾，严重影响产量和收益，与此虫危害有较大关系。幼芽和叶受害时，先在新叶上出现枯死小斑点，随着叶片伸长，枯死斑扩大，出现不规则小孔，使叶片残缺不全，枣吊受害则呈弯曲状，如烫发一般；花蕾受害后干枯脱落；幼果受害则脱落或果实染病，许多病菌容易从刺吸点接种或传染，特别是秋季阴雨天气次数较多，枣园空气湿度大时会严重加剧病情发展，甚至成灾。

（1）形态特征

① 成虫，卵圆或椭圆形，体长5 mm左右，黄绿色；触角4节，深绿至褐色；足3对，绿或浅绿色；前胸背板密布黑点，深绿色，小盾片上有黄斑1对；前翅革片绿色，膜质部灰色半透明。

② 卵，长约1 mm，瓠状，黄绿色。

③ 若虫，体淡绿色，着黑色节毛；触角及足深绿色或褐色，翅芽端部深绿色。

（2）生活习性

该虫每年 4～5 代，以卵在作物杂草的皮缝处越。春季气温旬平均达10℃以上时开始孵化为若虫。前期在其他作物或杂草上为害，枣树发芽时即以其刺吸式口器为害嫩芽，从而影响嫩叶生长，5 月上中旬是为害盛期，为害的嫩吊花芽及花蕾分化不良，甚至大幅度减产。至5 月底，随着高温干旱天气到来，该虫密度减少。

该虫发生与空气湿度高度相关，夏季阴雨过后，局部湿度大，气温在 30℃以下时易造成虫害大发生。各世代有重叠现象，在6 月上中旬、7 月中旬、8 月中旬有相对较集中发生。成虫寿命约30 多 d，飞翔能力较强，昼伏夜出，受惊时迁移迅速，不易察觉，给防治工作带来不便。

（3）防治方法

① 人工防治。清除卵源：对枣树下杂草、枯枝落叶、间作物秸秆及时清除烧掉；结合枣尺蠖防治，于早春 3 月上中旬

前刮除树干及枝杈处的粗皮，剪除树上病残枝、枯枝并收集烧掉。

② 化学防治。萌芽前喷3～5波美度石硫合剂。早春旬均温（或10日均温）稳定在10℃以上（枣芽尚未萌发）时，对枣园内及附近农作物喷药，防治初孵第一代若虫；另与枣树萌芽期结合其他害虫防治（食芽象甲、枣尺蠖等）喷药。这两次用药是全年防治的关键，以后各代视发生情况进行防治。所选药剂应具内吸传导、熏蒸、触杀作用或配合应用。可选用30%乙酰甲胺磷600倍液;50%二溴磷乳油600～800倍液或50%敌敌畏乳油500～600倍液,10%顺式氯氰菊酯乳油2 000～3 000倍液(早春用)或1 096联苯菊酯（天王星）乳油2　000～3 000倍液等。

122. 怎样识别和防治食蚜象甲？

食蚜象甲属鞘翅目，象甲科（象甲科），又名枣飞象、小灰象、食芽象鼻虫等。各地俗名较多，如顶门吃、尖嘴猴、土猴等。北方各大产枣区均有分布。除枣以外，还为害桃、苹果、梨、杨、泡桐等树木及棉、豆、玉米等大田作物。虫口密度大时，可将枣芽全部吃光，造成二次萌芽并大幅度减产，甚至绝产，属发芽期枣树主要害虫。

（1）形态特征（图9-5）

① 成虫，体长 4～6 mm，灰白或土黄色。头深褐色，触角弯曲呈肘状，头管粗短，背面两复眼间凹陷，前胸背中间色深，为棕灰色。鞘翅弧形，每侧各具细纵沟 10 条，背面有模糊的褐斑。后翅膜质半透明，能飞。腹面银灰色。足3对，灰褐色。

② 卵，长椭圆形，初产时乳白色，后变棕色。

③ 幼虫，乳白色，体长约5　mm，稍弯。

④ 蛹，灰白色，纺锤形，长约4　mm。

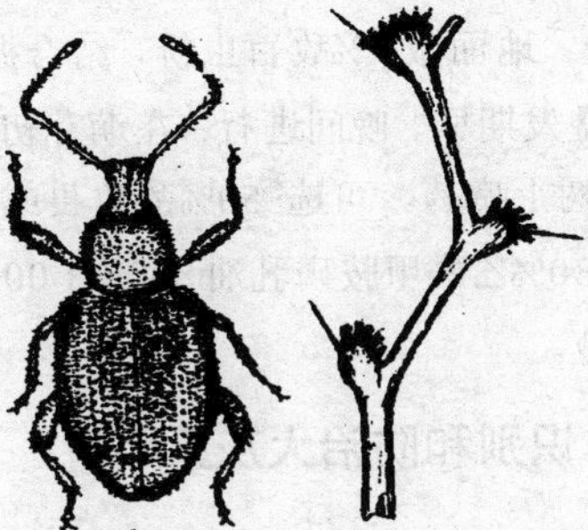

1　　　　2

图 9-5　食蚜象甲

1. 成虫　2. 被害状

（果树昆虫学. 1987）

（2）生活习性

该虫每年发生一代，以幼虫在土中越冬。在华北中部河北、山东枣区，翌年 4 月中下旬即有羽化的成虫，在枣树萌芽时集中上树为害嫩芽。5 月初是成虫交尾、产卵盛期，也是枣芽受害最重之时，尤以中午气温升高时上树最多。成虫可将嫩芽吃光，迫使二次萌发，造成减产至绝产。成虫寿命一般 40～70 d，1 头雌成虫产卵最多达数百粒，常产于嫩芽基部、叶面、枣股轮痕处和脱落性枝裂痕缝内，卵期 10 d 左右。成虫具假死性；受惊后，气温低时落地而高时则飞离。幼虫孵化后，沿树爬下入土，取食植物细根，9 月份之后深潜土下越冬，至春暖时再迁至表层化蛹。

（3）防治方法

① 人工防治。大发生时，在树下铺塑料膜，早晚之际气温较低时，振树摇枝或以木杆击枝使成虫落地，收集落地成虫集中杀死。也可在树干中、下部绑开口向下的塑料膜裙，裙下加一道含 5%敌百虫粉的草绳，阻止并杀掉上树之成虫。

② 化学防治。地面撒5%敌百虫粉，结合振树时对落地成虫毒杀，可于此虫盛发期早、晚间进行；在萌芽初期，结合枣尺蠖、绿盲蝽象等防治树上喷药。可选 50%敌敌畏或 50%二溴磷乳油600～800 倍液，30%乙酰甲胺磷乳油 800～1 000 倍液，50%辛硫磷乳油 1 000 倍液。

123. 怎样识别和防治大灰象甲？

大灰象甲属鞘翅目，象甲科，又名大灰象，大灰象鼻虫；俗名尖嘴猴、灰老道。分布于华北、西北及东北林果产区；食性杂，除枣树外，还为害粮、棉、瓜、豆等大田作物和紫穗槐、刺槐、苹果、核桃、桑、杨等多种林果树种，计百余种已知植物。

以成虫为害枣树叶片、花、果实，严重发生时可吃光全树叶片，造成大幅度减产。

（1）形态特征

① 成虫，体长 10 mm 左右，黑褐色，密被灰白色鳞毛。头粗而宽，中间有 1 条黑色纵沟；触角呈折肘状；复眼黑色，卵圆形。前胸背板卵圆形，中央黑褐色，中央有 1 条细纵沟。两鞘翅紧抱合成卵圆形，雌性末端缢缩而尖锐，雄性末端不缢缩呈钝圆形。后翅退化。足 3 对，腿节膨大。

② 卵，长椭圆形，长 1 mm，乳白色。

③ 幼虫，乳白色，体长 12～17 mm。头黄色，腹背有稀疏刺毛。

④ 蛹，为裸蛹，长 10 mm，乳黄色，梭形，复眼褐色，头顶及腹被有稀疏刺毛。

（2）生活习性

该虫 1～2 年 1 代，东北地区一般为 2 年 1 代。华北地区为

1 年 1 代。在沧州，以成虫为最后越冬态。翌年 4 月中、下旬，成虫开始出土活动，5 月底至 6 月初为出土盛期，为害盛期在 6 月上、中旬，至 6 月中旬为出土末期。成虫寿命 100 d 左右；具假死性，不会飞，多在受惊后落地；惧高温，多在 6、7 月份的早、晚间活动，高温时躲在阴凉处。卵发生盛期在 6 月中下旬；产于两叶黏合的叶苞中并用黏液将卵块与叶片黏结；卵期 10 d 左右。幼虫孵化后，钻出叶苞入地，以植物根系作食料，在土中化蛹并羽化为成虫越冬。

（3）防治方法

① 人工防治。发生严重的园片可在树干中、下部绑硬质塑料的伞形裙，以阻止成虫上树，并通过人工及时捉拿。成虫发生期，利用其假死性，杆击树枝，下接布单收集并杀死。

② 化学防治。地面防治：临近枣发芽期，树下喷 2.5%敌百虫粉或在树干周围土表做约 10 cm 宽的敌百虫粉药环，可杀死出土上树的成虫，注意观察药力并及时更新药环。树上防治：于成虫发生高峰期树上喷施药剂防治，可用 50%辛硫磷 1 000 倍液，20%除虫脲悬浮剂 1 000 倍液，5%抑太保乳油 1 500 倍液等进行防治。对枣园附近林木如防护林及间作物应同期防治，减少虫源。

124. 怎样识别和防治黄刺蛾？

黄刺蛾属鳞翅目，刺蛾科，又名八角子、洋辣子。全国各地均有分布。食性杂，除枣外还为害苹果、梨、山楂、杏、柿等多种果树及多种树木，是枣树叶片上的重要害虫，发生严重时，可吃光全树叶片，仅剩叶柄和主脉。

（1）形态特征（图 9-6）

① 成虫，体长 13～16 mm，翅展 32 mm 左右，头胸为黄色，

触角丝状；腹黄褐色；前翅的黄色区和褐色区各有一黄褐色的圆斑，后翅浅褐色。

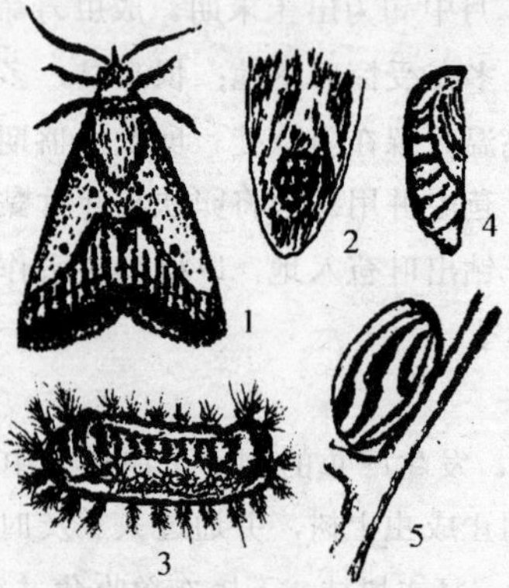

图 9-6　枣黄刺蛾

1. 成虫　2. 卵　3. 幼虫　4. 蛹　5. 茧

（高新一. 枣树高产栽培技术. 1998）

② 卵，扁平，椭圆形，浅黄色，约 1.5 mm。

③ 幼虫，体长约 25 mm，小时黄色，老熟时深黄或黄绿色。头小，浅褐色。背部有哑铃状棕褐色或紫斑一块。各节有 4 个刺丛，胸部为 6 个，尾部 2 个较大，故称八角。

④ 蛹（茧），被蛹，长 12 mm；外壳硬，椭圆或卵形，灰白色，表面有灰褐色纵条纹。

（2）生活习性

该虫在冀北寒冷地区每年 1 代，其余中南部地区每年 2 代。以老熟幼虫在树枝或枝杈间结茧越。第一代成虫羽化期较为集中，每年 1 代者，成虫见于 6 月中旬，幼虫危害期为 7 月中旬至 8 月下旬。每年 2 代者成虫见于 5 月底至 6 月初，第一代幼虫 6

月中旬孵化，危害盛期在7月上旬；第二代幼虫7月底开始为害，8月上中旬为害最重。至8月下旬幼虫老熟在枣枝上结茧越。幼虫期一般30 d左右，卵期7～10 d，成虫喜夜间活动，有趋光性。

（3）防治方法

① 人工物理防治。清除虫茧：春修剪时，用修枝剪把虫茧剪破或打碎，或用人工摘除；成虫发生期用黑光杀虫灯诱杀成虫。

② 生物防治。天敌有上海青蜂，产卵于黄刺蛾幼虫体上随茧越，在茧顶部有褐色小凹陷斑点即被寄生的虫茧，要注意保护和利用，并注意翌年4月下旬至5月下旬，是该蜂卵在茧内经历幼虫至成虫期最后羽化的日期；此外，还有刺蛾广肩小蜂、螳螂等天敌。

③ 化学防治。在幼虫发生期，用25%灭幼脲3号悬浮剂1 500倍液，5%农梦特（氟铃脲）乳油1 000～1 500倍液或20%杀铃脲悬浮剂8 000～9 000倍液，上述酰尿类农药可用于花期；非花期可用50%敌敌畏乳油或50%二溴磷乳油1 000倍液，40.7%乐斯本乳油1 500～2 000倍液，25%喹硫磷。（爱卡士）乳油1 000～1 500 倍液，5%来福灵乳油 2 500～3 000 倍液，2.5%功夫乳油1 500～2 000倍液防治。

125．怎样识别和防治扁刺蛾？

扁刺蛾属鳞翅目，刺蛾科，又名扁棘刺蛾、黑点刺蛾。其幼虫俗称洋辣子、扫角等。全国各地均有分布，为害多种果树和林木，食性较杂。亦是枣叶片重要害虫。

（1）形态特征（图9-7）

① 成虫，体长14～18 mm，翅展25～38 mm，体灰褐色；复眼灰褐色；触角前部丝状，后部栉齿状；前翅灰褐色，自前缘

中部向后缘有一深灰色线条，线内色淡，雄蛾翅中前部黑斑点较雌蛾明显，后翅色暗灰色。

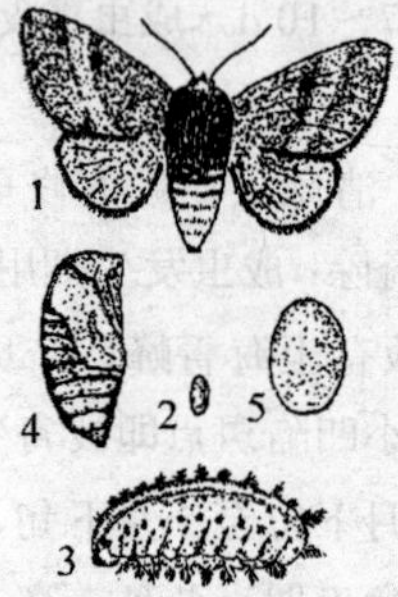

图 9-7　扁刺蛾

1. 成虫　2. 卵　3. 幼虫　4. 蛹　5. 茧
（周正群. 枣生产关键技术百问百答. 2005）

② 卵，长 12 mm，黄绿至灰褐色，扁平椭圆形。

③ 幼虫，初孵时体长约 1.2 mm，老熟时约 25 mm，扁长椭圆形；背部隆起，各节具刺突 4 个，体枝刺和刺毛发达，第四节起，至尾部分各节两侧均有红点一个。虫体绿色。

④ 茧，短椭圆形，暗褐色，长 10　mm。

⑤ 蛹，近纺锤形，黄褐色，长 13　mm。

（2）生活习性

该虫在河北及相近气温省、市每年 1 代。以老熟幼虫在树下浅土层结茧越，翌年 5 月上中旬化蛹，5 月底至 6 月初开始羽化成虫并交尾产卵，卵期约 7 d，幼虫于 6 月中旬出现，孵化不整齐，至 8 月初仍有初孵幼虫，为害盛期在 5 龄之后（6～7 龄）的 8 月中旬，8 月下旬后幼虫老熟并开始入土做茧越冬。江、浙一带此虫每年 2～3 代。

（3）防治方法

① 人工挖茧：土壤解冻后的早春，结合枣尺蠖的防治，人工对树冠下 10 cm 以上浅土层挖掘拣茧并杀死，可有效控制此虫为害。

② 化学防治：参见黄刺蛾部分。

126. 怎样识别和防治褐边绿刺蛾？

该虫属鳞翅目，刺蛾科，又名褐缘绿刺蛾、青刺蛾、绿刺蛾、四点刺蛾。其分布与危害同黄刺蛾。

（1）形态特征

① 成虫，体长约 16 mm，翅展 36～40 mm；头、胸背绿色，触角褐色；前翅基部褐色、中部绿色、近外缘黄色，黄色部分略呈褐色并在边缘有褐色条纹，缘毛褐色，后翅及腹部浅褐色。

② 卵，扁椭圆形，长约 1.3 mm，浅黄色。

③ 幼虫，长约 25 mm，初孵时黄色，6 龄时绿色，背线黄绿，亚背线红棕色，刺毛黄棕色并夹有黑毛，腹末有黑色球状毛丛 4 个（图 9-8）。

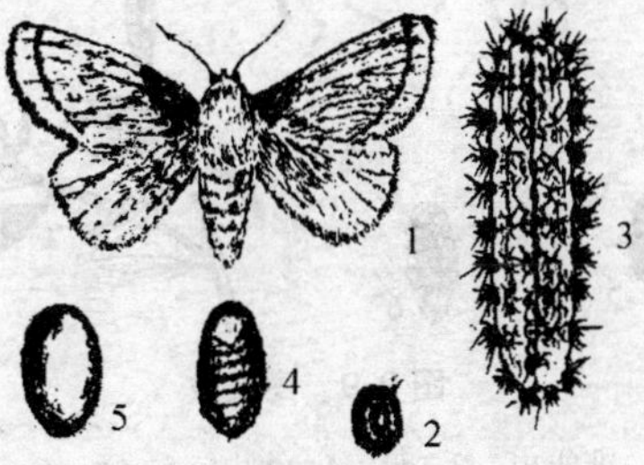

图 9-8　褐边黄刺蛾

1. 成虫　2. 卵　3. 幼虫　4. 蛹　5. 茧

（周正群. 枣生产关键技术百问百答. 2005）

④ 茧，椭圆形，棕褐色，长约17 mm。

⑤ 蛹，椭圆形，黄褐色，包于茧中。

（2）生活习性

与扁刺蛾相近，参见扁刺蛾。

（3）防治方法

参照扁刺蛾进行防治。

127. 怎样识别和防治枣瘿蚊？

该虫属双翅目，瘿蚊科，俗名卷叶蛆、枣苗蛆、枣芽蛆等。全国各枣区均有分布，以幼虫为害嫩芽及幼叶，被害叶呈紫红色肿皱筒状，叶缘向上卷曲而不能展开，质硬易脆，幼虫在卷曲叶中取食，最终叶片变黑而干枯脱落，常影响枣头和枣吊生长，对幼树发展和成树结实损害较大，属重要害虫。

（1）形态特征（图9-9）

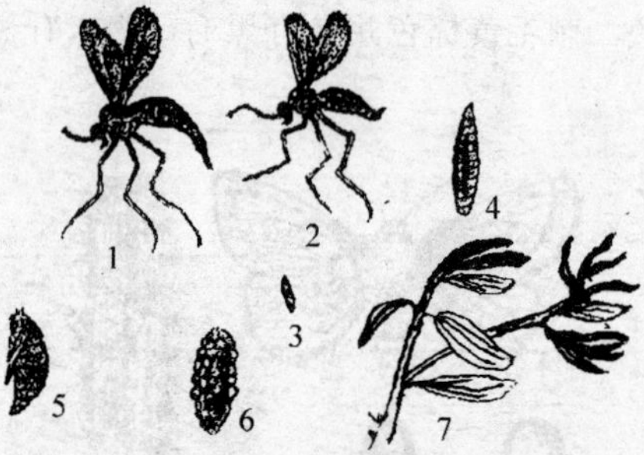

图9-9　枣瘿蚊

1. 雌成虫　2. 雄成虫　3. 卵　4. 幼虫　5. 蛹　6. 茧　7. 为害状

（果树昆虫学. 1987）

① 成虫，小蚊子状，体长1.5 mm左右，橙色或灰褐体；头黑色，复眼黑色；触角念珠状，14节，灰黑色；前翅透明，边缘

具黄褐色缘毛，后翅（平衡棍）黄白色；足3对，细长淡黄色；雌虫腹较肥，橙色，腹尾具长产卵管，雄虫腹较细长，个体较雌虫小。

② 卵，长椭圆形，长约 0.3 mm，初产时白色半透明，后呈淡红色，有光泽。

③ 幼虫，蛆状，老熟时长1.5～2.9 mm，乳白色；头尖小，褐色；体节明显，无足。

④ 蛹，裸蛹，纺锤形，长 1.1～1.9 mm，初为乳白色，后变黄褐色，头部顶端有额刺1对，雌蛹较雄蛹足短，仅达腹部第六节。

⑤ 茧，椭圆形，长1.5～2.0 mm，质软，外黏细土粒，呈土黄色。

（2）生活习性

该虫在华北地区 1 年 5～7 代，以老熟幼虫结茧在树下浅土内越冬，翌年 4 月中旬开始羽化，产卵于刚萌发的枣芽上，5 月上旬为害达到盛期，每叶内数条幼虫同时为害，5 月中、下旬受害时由红变黑，开始脱落，老熟幼虫随落时入土化蛹，当年幼虫期和蛹期一般 8～10 d。6 月上旬再羽化为成虫，成虫寿命 2 d 左右，之后各代羽化不整齐，明显的为害高峰可见 5～6 次。8 月底老熟幼虫陆续入土做茧越冬。该虫为害较重的时期为 5～6 月份，后期较轻。

（3）防治方法

由于该虫各虫态体型较小，给人工防治带来一定难度，一般应用化学防治，方法如下：

① 地面防治：枣芽即将萌动时（约 4 月中旬）越代成虫羽化前，树冠下地面喷施 2.5%敌百虫粉，或 25%辛硫磷微胶囊剂 200～300 倍液（细土覆盖或轻锄松土混匀），或用 4%乙酰甲胺磷粉剂，或 4%二溴磷粉剂均可，有育苗地在行间时，一并地面喷施。

② 树上用药：于 4 月下旬幼虫发生期树上喷药防治，药剂可选：80%敌敌畏乳油 800～1 000 倍液，30%乙酰甲胺磷 600～800 倍液，50%二溴磷乳油 600～800 倍液，20%甲氰菊酯（灭扫村）乳油 2 000 倍液。每 10d 用药 1 次，共喷 2～3 次。注意展叶后或其余 6 月份之后的用药浓度应降低，以防药害，详见本章常用农药类及使用说明。对枣树及附近酸枣苗并用药。

128. 怎样识别和防治红蜘蛛类？

据资料和观察，为害枣叶的害螨类是个复合种群，属蜱螨目。叶螨属的 4 种是：朱砂叶螨、二斑叶螨、截形叶螨、山楂叶螨。苔螨属的苜蓿苔螨，又称勒迪氏苔螨，已非优势种。其中朱砂叶螨、二斑叶螨（普通叶螨）/截形叶螨 3 种在棉花上常见，故又俗称棉红蜘蛛，也是枣叶常见害螨；山楂叶螨与苜蓿苔螨有过个别的报道。被害枣树叶片先是局部浅黄点，随着为害的加剧，沿叶片主脉向支脉扩散出黄白或黄褐色干枯状斑块，且颜色逐渐加深，如同烧焦状，最后导致脱落。落叶较早时，严重影响枣果实品质和产量。由于其为害状，枣农称其为“火龙虫”、“火珠子”等。

（1）形态特征

由于红蜘蛛类个体较小，而且有各种关于优势种群的报道，在此不作具体描述，只对其共性加以叙述。叶螨科和苔螨科两类红蜘蛛均经过卵、幼螨、若螨和成螨阶段完成世代交替，唯有苜蓿苔螨的雄性成螨尚未发现；除苜蓿苔螨外，成螨都有不同程度红色，或橙红、深红，个别为微红色，若螨和幼螨体色较浅甚至黄绿色，雌成螨平均体长 0.5 mm 左右；卵的颜色多为浅红至红色，生长季卵的颜色较浅，平均直径不足 0.2 mm。

（2）发生及习性

关于枣树害螨不同时期有不同的报道，从20世纪70年代末至 90 年代初，河北昌黎果树研究所王芝灵、中国农业大学刘奇志等先后报道，认为在沧州，枣的害螨优势种群为朱砂叶螨；后河北林业科学研究所与沧州市林业局孙土学、宋华茹等研究认为，其优势种群在间作条件下为截形叶螨。笔者认为，害螨可能不同年代时期有不同的优势种群。它的形成受多方因素影响，如间作物、杂草及其他栽培作物的历史变化，用药种类，天敌群落，传播方式及环境气候因素等方面的相互影响，均可构成害螨（含害虫）群落的此消彼涨，主要害螨也可转化为次要害螨，在果树害虫的防治中，这类变化屡见不鲜。

（3）防治方法

① 人工防治：消灭越螨，春季节刮除树干、枝杈处粗皮并于春季涂石灰乳或喷 3～5 波美度石硫合剂；清除果园及附近杂草消灭越源。

② 物理防治：于春季 4 月中、下旬、麦收前后（5 月底至 6 月初）、7 月初树干中、下部涂宽约 5～10 cm 黏虫胶环可粘死下树和上树的活动螨。

③ 生物防治：注意保护草青蛉、捕食螨、螳螂等螨类天敌，有条件的可人工饲养并释放于枣园中。

④ 化学防治：萌芽前喷3～5 波美度石硫合剂。对历年为害较重，枣园或附近有换季农作物或杂草严重的园片可考虑药剂防治。于麦收前后（5 月底至 6 月上旬）及之后的达到防治指标的时期用药，可选用10%浏阳霉素1 000～1 500 倍液，2.5%华光霉素可湿性粉剂 400～600 倍液（密度较低的发生初期用），20%螨克（双甲脒）乳油1 000～2 000 倍液；成螨数量较大时用20%螨

死净悬浮剂2 000～3 000倍液或其50%悬浮剂5 000～6 000倍液加上述速效杀螨剂配合应用，可维持药效50 d左右，减少用药次数。其他杀螨剂如阿维菌素类参照说明应用，如果卵量较大，建议加入400～600倍中性洗衣粉液，以增强药液附着力。

129. 怎样识别和防治枣叶壁虱？

枣叶壁虱属蜱螨目，瘿螨科，又名枣壁虱、枣瘿螨、枣锈螨，俗名“灰叶病”。北方各枣区均有分布。以成螨和若螨为害叶、花和幼果。叶片受害后变硬、变脆、卷曲，呈灰白亮色，进而叶缘焦枯脱落，造成二次萌生叶；花蕾及花受害易干枯脱落；果实受害，果面出现锈斑，品质和产量降低。该虫寄主主要为害枣、酸枣、杏、李等，以刺吸式口器为害。

（1）形态特征

① 成螨，胡萝卜形，长 0.1～0.15 mm，初产为白色，后呈淡褐色，半透明。仅有前足2对，须肢紧贴于腭体，螯肢针状，可伸出。末端有毛两根，腹部有多道环纹。

② 卵，圆球形，乳白色，光亮。

③ 若螨，胡萝卜形，乳白色，有跗节（肢）两对，腹部略显环纹，体小于成螨。

（2）生活习性

该虫多代繁殖，地域不同发生代数各异。以成螨或若螨在枣股环痕或枝条皮缝中越，春季枣芽萌发即开始活动，展叶后多聚于叶柄及叶脉两侧刺吸为害；活动范围小，可借风力迁移；每叶有螨百余头，多者数百头；为害盛期在5月下旬至6月中旬，7～8月开始转入芽鳞缝隙度夏越冬。由于虫体小，肉眼不易见到，需用 25 倍以上放大镜检查。初受害叶和果症状表现较晚，一般在6月中、下旬后方可见到叶片卷曲，并变为灰白色，受害果出现锈斑，易被忽视而错过防治时机。

（3）防治方法

以化学防治为主，于临近发芽时，对树体各部位均匀喷一次3～5波美度石硫合剂。

展叶后；选用40%乙酰甲胺磷800～1 000倍液；25%喹硫磷（爱卡士）乳油1 000～1 500倍液；1.8%爱福丁（爱力螨克）乳油4 000～6 000倍液；20%螨克（双甲脒）乳油1 000～2 000倍液；20%速螨酮可湿性粉剂3 000～4 000倍液（持效期1个月）均可防治，一般过10～15 d再用药1次，可控制为害。

130. 怎样识别和防治枣花心虫？

属鳞翅目，夜蛾科，又名枣绮夜蛾、枣食虫、绿毛虫等。分布于河北、山东、河南、安徽、浙江、甘肃等省。以幼虫在花期吐丝缀花，藏于花序中咬食花蕊及蜜盘，使花不能结果而脱落，故名“花心虫”。果实生长期，幼虫常吐丝于果柄，蛀食果实，蛀孔较大，最终导致脱落，并有转果蛀食习性。严重影响果品产量。

（1）形态特征（图9-10）

① 成虫，体长 4～6 mm，灰褐色。复眼为黄褐色。触角丝状，褐色。前翅暗褐色，有灰白色或白色横波纹3条，前缘处有一黑斑；后翅浅褐色。

② 卵，球形，初产时白色透明，后变红色。

③ 幼虫，体长 12～16 mm，浅黄绿色。大龄幼虫胴部各节有2个紫红色斑，构成纵向色带，并有稀疏细长的刚毛。受惊时，吐丝下垂。

④ 蛹，长约6 mm，初化蛹时绿或黄绿色，最终为褐色。茧

为丝质，质地软，灰色。

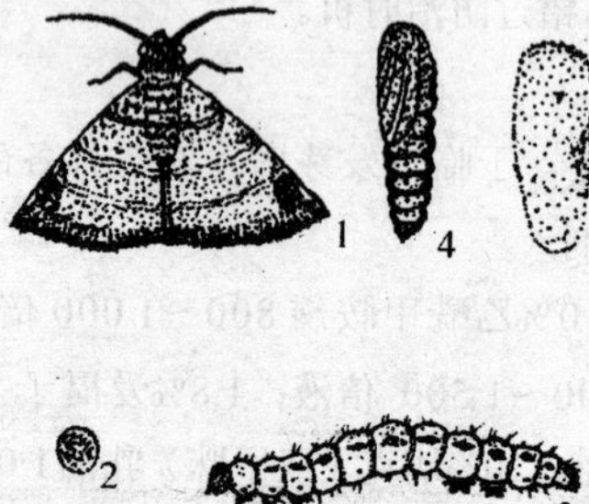

图 9-10　枣花心虫

1. 成虫　2. 卵　3. 幼虫　4. 蛹　5. 茧

（周正群. 枣生产关键技术百问百答. 2005）

（2）生活习性

该虫一般每年 2 代，以蛹的茧化形式在树皮缝或树洞内越。5 月上中旬成虫开始羽化，卵多产于花梗处，少数产于叶柄，成虫寿命 10 余天。幼虫孵化后开始吐丝缀花并在其中迂回啃食枣花，6 月初是该虫为害盛期，近 6 月中旬开始化蛹，个别幼虫食害幼果，多喜食大果，一般每个幼虫转蛀 4～10 个。幼虫老熟时，沿树枝爬行寻找裂缝或粗皮缝等适宜化蛹的场所，依次可用草绳诱其前来化蛹。

（3）防治方法

① 人工防治：可在夏两季进行，结合枣步曲人工防治，于春两季刮掉树干及树杈及主要骨干枝上的粗皮并销毁；夏季在树枝杈光滑部位缠草绳，诱其老熟幼虫化蛹后烧掉草绳及其中的蛹。

② 生物药剂防治：幼虫发生期正值花期，须保护好蜜蜂和天敌，可选用 Bt 乳剂（100 亿个/mL）500～800 倍液，5%抑太保

乳油 1 000～2 000 倍液，20%杀铃脲悬浮剂 8 000～10 000 倍液喷雾防治，虫口密度较大时可选用残效期较短的速效农药，如：50%二溴磷乳油 1 000～1 500 倍液防治。

131. 怎样识别和防治枣粉蚧？

该虫属同翅目，粉蚧科，俗名“树虱子”。河北省各大枣区普遍发生，以成虫和若虫刺吸枣枝和枣叶中的汁液，导致枝条干枯、叶片枯黄、树体衰亡，减产严重。该虫黏稠状分泌物常招致霉菌发生，使枝叶和果实变黑，如煤污状，也影响树势、果品品质及产量。

（1）形态特征

① 成虫，扁椭圆形，长 3 mm 左右，背稍隆起，密布白色蜡粉，体缘具有针状蜡质物，尾部有 1 对特长的蜡质尾毛；雄虫体深黄色，翅半透明，尾部有蜡质刺毛 4 根。

② 若虫，体扁椭圆形，足发达。

③ 卵，椭圆形，长约 0.37 mm，卵囊呈棉絮状，含白色蜡质，每卵囊有卵数百粒。

（2）生活习性

该虫每年可发生 3 代，以成虫或者若虫在树的枝干粗皮缝中越，以树干上部东西向皮缝中最多。翌年 4 月下旬出蛰。第一代发生期在 5 月底至 6 月底，盛期为 6 月上旬。

第二代发生期在 7 月初至 8 月上中旬，孵化盛期在 7 月中下旬。第三代（进入越代）8 月上中旬开始发生，孵化盛期约在 9 月初，约 10 月上旬可全部休眠越。第一代、第二代为害最重（6～8 月）。第一代若虫期约 28 d，雌成虫期约 22 d，雄成虫期约 10 d；第二代若虫期约 27 d，雌成虫期约 12 d，雄成虫约 3 d 多。这两代是为害枣树的主体，为害的主要部位为嫩枝、枣吊、叶片等。进入雨季后，其分泌物招致的霉菌可将叶片、果实及枝条染黑，影响产量和果品质量。

（3）防治方法

① 人工物理防治。刮树皮：在季和早春期间，刮除树干、枝及枝杈处的老粗皮并集中烧毁，对全树喷涂3～5波美度石硫合剂，或对主要枝干涂白。涂粘虫胶：于4月中旬末，对树干及各大骨干枝涂以宽1～2 cm宽的黏虫胶环，以阻止上树及集中越枝向非集中越枝转移为害，并粘死部分害虫。

② 化学防治。用药时间应选在初孵若虫盛发期，一般在5月底至6月初、7月上、中旬、9月上旬。所选药剂有：25%扑虱灵可湿性粉剂1 500～2 000倍液（提前2 d应用），苦楝油原油乳剂200倍液，80%敌敌畏乳油1 000～1 500倍液，30%乙酰甲胺磷乳油500倍液，7月上中旬可用25%喹硫磷乳油1 000～1 500倍液，7月上中旬可用25%喹硫磷乳油1 000～1 500倍液等药剂防治，为加强触杀效果，可混加拟除虫菊酯类如2.5%功夫乳油1 500～2 000倍液或10%天王星乳油2 000～4 000倍液等。

132．怎样识别和防治枣龟蜡蚧？

该虫属同翅目，蜡蚧科，又名日本龟蜡蚧、枣龟甲蜡，俗名“树虱子”、“枣虱”等。全国各大枣区均有分布。除为害枣外，还为害柿、苹果、梨、石榴等已知的30多科，50余种植物。以若虫、雌成虫刺吸枝、叶、果的汁液。其分泌物招致霉菌发生，枝叶染黑，枣农称其为“煤污病”，导致光合作用受阻、树势衰弱、落果加重，重者造成死枝死树。

（1）形态特征

① 成虫。雌成虫体椭圆形、紫红色；背隆起覆白色蜡质介壳，表面有龟纹；触角鞭状，头、胸、腹不明显；足3对；受精雌成虫体长2～3 mm，产卵时呈半球状。雄成虫体长1.3 mm，翅展2.2 mm，翅透明；触角丝状；虫体棕褐色。

② 卵。椭圆形，纵径约0.3 mm，初产时为橙黄色，近孵化时呈紫红色。

③ 若虫。初孵时为扁平椭圆形，红褐色。在叶片固定1～2天后，体背出现两列白色蜡点，7～10 d后体背全部覆蜡，蜡壳周围12个三角形蜡尖，背微隆起，周围有7个圆突，呈龟甲状；雄虫呈星芒状。

④ 蛹。仅雄虫在蚧壳下化蛹，梭形、棕褐色（图9-11）。

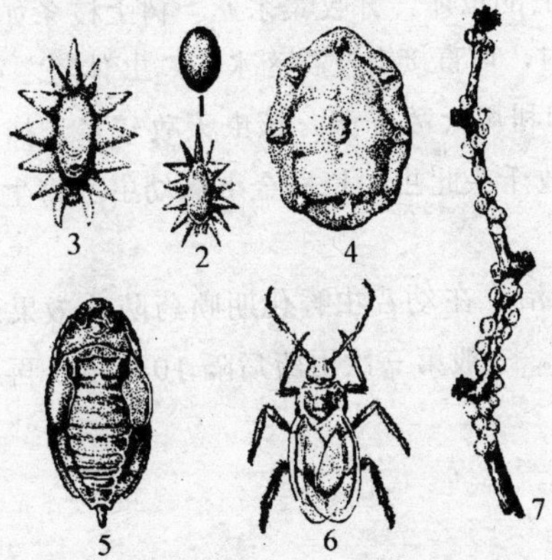

图9-11　枣龟蜡蚧

1. 卵　2. 若虫　3. 雄虫蚧壳　4. 雌虫
5. 雄蛹　6. 雄成虫　7. 枝条被害状
（果树昆虫学. 1987）

（2）生活习性

枣龟蜡蚧每年发生1代，以受精雌成虫在枝条上越，多密集于当年至二年生枝上。翌年3月底开始在枝条上为害和发育，4月中下旬迅速增大。5月底至6月初开始腹下产卵，6月上中旬为盛期，每雌虫产卵量高达2 000粒，卵期20～30 d。6月中下旬至7月初为各地初孵化期，7月上中旬达孵化盛期。7月末，雌雄性别开始分化，雌雄性比约1：（2～3）。8月上中旬雄蛹出现。9月上旬雄成虫羽化达盛期并可当天交尾，寿命仅2～3 d。雌虫为害期可持续到8月底，之后固定在枝条上越。为害期间的分泌物，是招致雨季后霉菌发生并污染枝、叶、果的诱因。

（3）防治方法

① 人工刷除虫源。利用冬季及来年 3 月份早春季节，用硬毛刷刮刷树枝上的虫体，并收集杀死。树上枝条如有雪、雾汽结冻且冰棱较厚时，可直接击枝震落冰凌，虫体随之震落。

② 保护和利用天敌资源。该虫天敌较多，捕食性红点唇瓢虫一生可捕食数千头此虫；长盾金小蜂幼虫可寄生该虫腹下，取食蚧卵。

③ 化学防治。在幼若虫孵化期喷药防治效果最佳，用药种类见“枣粉蚧”。一般第三次用药后隔 10～15 d 再用一次可控制为害。

枣周年管理历

4月上下旬

萌芽期主要工作：松土、追肥浇水、防治病虫。

松土 枣树发芽前，枣园树盘耕翻深 20 cm，整修蓄排水工程。

追肥浇水 成龄枣园，每亩追施尿素 20～30 kg，过磷酸钙 160～200 kg，硫酸钾复合肥 40～50 kg，可挖坑或放射状沟施（具体方法见秋施基肥）。山丘瘠薄地，可进行穴贮肥水，加地膜覆盖。具体做法：在树冠投影外缘向内 50 cm 处挖 3～5 个深 40～50 cm、直径 40 cm 的圆坑，放入直径 20～30 cm的与坑深相等的草把束（放入之前草把束预先放入清水或人畜尿中浸透），垂直的放在坑中央，将氮、磷肥和农家肥按 1∶2∶50 的比例混匀，每株 40～60 kg，与土混合，填入草把周围，踏实。将地表整成以草把为中心的小凹形，浇水，喷除草剂，覆盖地膜，膜中心草把处开小孔，以便雨水注入和追施肥水，次年营养坑的位置与今年错开。

防治病虫 ①萌芽前全树体喷布 5 波美度石硫合剂，杀越冬病菌和虫卵，综合防治。②防治食芽害虫枣芽象甲和大灰象甲。防治方法有三种可供选择：A. 设毒障，枣树发芽前在树干中部选一光滑处抹一圈黄泥，用 20～30 cm 宽的塑料膜的下缘绕泥圈贴一周，再用浸透敌敌畏等熏蒸、触杀剂的草绳扎紧，将塑料膜向下翻卷形成上小下大的短裙状，可以阻止爬行上树的枣芽象甲、大灰象甲、枣尺蠖等害虫。B．撒毒环，枣树发芽期，围绕树干基部挖一环形小沟，沟内喷施50%辛硫磷200倍液或50%敌百虫粉，摇树振落树上象甲，使之在再次上树途中受阻。C. 树上喷药，发现树上有食芽害虫时，用2.5%辛硫磷1 500倍液喷杀。

5月上下旬

花蕾期主要工作：夏剪、叶面追肥、激素控长、防治病虫。

夏剪 对当年萌生的枣头，有空间有利用价值的可适当多留，留枝摘心，其余过密、过弱的新枣头和徒长枝应及早疏除。

叶面喷肥 喷1 200倍叶面宝或0.3%磷酸二氢钾。

激素控长 对密植枣园或生长旺盛的成龄枣树，当枣吊长到8～9片叶时喷0.1%～0.25%多效唑或0.2%～0.3%矮壮素，可控制旺长，提高坐果率。

防治病虫 5月中旬喷布0.3波美度石硫合剂1～2次，防叶锈螨。

6月上下旬

花期主要工作：追肥浇水、保花保果、防治病虫。

施肥浇水 追磷酸二铵，每株0.5～1 kg（每产百千克鲜枣施氮磷复合肥1 kg左右），施后浇水。

保花保果 ①花期喷肥与激素控制；②花期喷水；③环剥；④花期放蜂。

防治病虫 ①发现枣锈病的初期症状（个别枣树的叶片上有褪色斑点）时，及时喷50%多菌灵600倍液。②6月上旬用桃小食心虫性诱捕器测报。当发现第一头虫时，在幼虫出土前（5月下旬至6月上旬）用地膜覆盖树盘，阻隔桃小上树致其死亡。地表撒施辛拌磷，杀灭出土越冬害虫。6月中下旬，喷灭扫利2 000倍液，防治枣瘿蚊。6月份注意捕捉环剥口处潜皮虫。

7月上旬—8月下旬

幼果期主要工作：追施肥水、夏剪、激素促果、病虫害防治。

疏果 7月上中旬，对于过密果、畸形果、病虫果及时疏除。

夏剪 疏除密集枝，控制旺长枝，调整枝条生长方向。

激素促果 幼果膨大期喷 10 mg/kg 赤霉素+0.3%尿素（或0.3%磷酸二氢钾）。

防治病虫 桃小食心虫，根据性诱捕器的测报，当成虫诱捕高峰期30%桃小灵1 500倍液喷冠，杀灭成虫、卵和初孵幼虫。

防治枣锈病 7月雨多时，及时排水，加强夏剪保证通风，降低枣园湿度，并喷15%可湿性粉锈宁2 000倍液或50%多菌灵600倍液防治。

9月上旬—11月下旬

成熟落叶期主要工作：施着色肥、果实采收、防治枣疯病、施基肥、清园。

施着色肥 为促进果实着色，9月初叶面喷施0.3%磷酸二氢钾溶液1～2次，也可于雨前树冠下撒施草木灰，每株2～3 kg。

防止采前落果 于采前20～30 d 喷 50～90 mg/kg 萘乙酸或10～20 mg/kg 防落素。

防治枣疯病 秋分前后，锯除疯枝。锯除疯小枝所在的大枝。

深施基肥 10月上中旬枣采前或采后施入基肥。沿树冠外围挖深 30～40 cm 放射状施肥沟，68 条/株，注意外深内浅，外宽内窄，勿伤 5 mm 以上的大根。株施鸡粪 10 kg 或按 5 方/亩施土杂肥，硫酸钾复合肥1 kg/株，硼砂10～15 kg/亩，硫酸亚铁20～30 kg/亩。

果实采收　内销果在果皮红亮光滑、果肉绿白、质地松脆、味甜多汁的脆熟期，边成熟边采收，然后分级包装出售。作为外销果的，要在白熟期采收，用 500～750 mg/kg 乙烯利浸果 2 s，然后沥干装入 0.06 mm 厚的穿孔聚乙烯薄膜袋中运输，在室温下（25℃）催熟 1 周，80%以上的鲜枣可达到全红。

清园　枣叶落完后，及时清扫集中烧毁，消灭枣锈病病原物。

12 月上旬—3 月下旬

休眠期主要工作：病虫防治、季修剪。

病虫防治　①枣黏虫，休眠期，用刮刀将主干及大枝上老翘皮刮净，以露红不露白为宜；遇有树洞，用黄泥堵塞。刮下的碎屑收拾干净，集中烧毁。②防治枣疯病：对生长季节未及时剪除的病枝，按疯小枝锯大枝的原则锯除。

整形修剪

整形：密植枣园多采用自然纺锤形、小冠疏层形或水平扇形。

修剪：①幼树促进生枝，选留强枝，开张角度，扩大树冠。培养枝组，疏截结合，使其形成合理牢固的树体结构。②盛果树要疏截结合，集中营养，维持树势，疏除部分大枝，更新结果枝组，培养内膛枝，使内外立体结果，防止结果部位外移。具体修剪一般 3 月份进行，锯除干枯枝，疏除过密枝,分枝，短截拉平徒长枝，回缩下垂枝。更新 10 年生以上的衰老枝组，后部有新生枣头的从该处回缩，无新生枣头的从后部适当位置斜向上的枣股处回缩。

参考资料

[1] 房师梅．优质冬枣栽培技术问答．北京：中国农业大学出版社，2007

[2] 曹尚银，等．优质枣无公害丰产栽培．北京：科学技术文献出版社，2005

[3] 高薪一，等．枣树高产栽培新技术．北京：金盾出版社，1998

[4] 慕子峰，等．优质枣亩创 5000 元关键技术．北京：中国三峡出版社，2006

[5] 周正群，等．枣无公害高效栽培技术．北京：中国农业出版社，2002

[6] 周正群，等．枣生产关键技术百问百答．北京：中国农业出版社，2005

[7] 房师梅，等．板栗、核桃、柿子、枣优质高产栽培．山东：山东科学技术出版社，1999

[8] 北京农业大学．果树昆虫学．北京：中国农业出版社，1987

[9] 浙江农业大学．果树病理学．山海：上海科学技术出版社，1987

[10] 陕西省仪祉农业学校．果树病虫害防治学．北京：中国农业出版社，1995

[11] 李道德，等．果树栽培．北京：中国农业出版社，2001

[12] 陈怡金，等．枣树实用新技术．北京：中国科学技术出版社，1993